POP設計叢書

POP廣告

店頭海報篇

張麗琦　編著
龔照欽・葉辰智　插圖

北星圖書公司

序

隨著「整合行銷」時代的來臨與消費意識抬頭，大衆已不再由「價格」來決定購買，相對的，產品的附加價值與訊息，已成爲爭取商機的重要因素，此時的POP廣告便逐漸在賣場上展露頭角，最主要的理由在於市面上品牌種類繁多，光是靠電視、報章雜誌等廣告訊息，消費者還是無法作明確的選擇。

一般零售店的陳列空間多半狹小，爲了增加商品的銷售率來提高營業額，在這種壓力下，廠商在店頭中所設置的促銷(SP)活動系統，普遍受到零售商的熱烈歡迎。由此可知，POP廣告(Point of Purchase Advertising)已成爲現代整合行銷戰略上不可或缺的重要手段。

POP廣告所包含的範圍極爲寬廣，無論視覺上，精神上的訊息接收都可刺激消費者的「衝動購買」；而其中最附合經濟效益的便是「**店頭海報**」了，它不但可以最少的廣告預算將產品的訊息告知，對於商品形象的提升也具有相當大的幫助，相對的，產品的附加價值也日益提升。

筆者有鑑於此，特將此書的內容以簡易的製作方式與豐富的海報實例，推廣給各位讀者；另外，並增加系列由電腦繪圖軟體所繪製的店頭海報，其不但符合時下流行的趨勢，且製作時間及工具簡便，精緻度也是手繪海報所不能及的；本書內容中筆者將有更詳盡的解說、分析；期望本書對美工設計學習者及零售商的店頭促銷，有如魚得水般的助益；筆者才學疏淺，如有疏失，尚請各界先進指正，不勝感激！！

感謝／龔照欽先生、葉辰智先生協助本書插圖繪製，使本書順利完成。

張麗琦

謹識於'96. 9

目　錄

第一章　前言

一、店頭海報的重要性

從前，商品生產與銷售部門常各自爲政，以今日的促銷觀點來說，早已不合時宜；因爲商品需要搭配行銷活動一起進行；和促銷密不可分的POP廣告，便成爲賣場與消費者最佳的溝通工具。

因此店頭海報成爲賣場最有效的促銷手段和工具，在設計店頭POP海報之初，便穩含著一種「創造利潤」的目的，在賣場中，可彌補銷售人員的不足，成爲最佳的推銷者；對於商品，則是商品資訊站，爲企業與消費者之間建立了直接的溝通管道，達到最快速也最明確的訊息告知。

■店頭海報的特點

一、提升賣場購物氣氛，裝飾美化店頭。
二、增加促銷噱頭，誘導路人進入店內消費。
三、快速告知商品的明確訊息、價格及特點。
四、提升商品形象，鞏固消費者內心的良好印象。
五、促進消費者的「購物衝動」進而提高營業額。
六、節省人力資源，減少支出。
七、有效使用賣場多餘的空間。
八、使商品陳列更有整體感。
九、幫助消費者選購心中合適的商品。
十、提升企業形象。

店頭海報無論對消費者、零售店或是製造廠商都扮演著潛移默化的重要角色；在資訊有限的賣場裡，若POP廣告能告訴消費者商品的售價、介紹商品的特性、傳遞賣場的活動訊息，對消費者來說，就可享受愉快的購物心情。而陳列於賣場內外的店頭海報、對經營者而言，那是促銷商品、傳播訊息、重視消費者感受與需求的管道，並且成功扮演銷售員的角色，減少零售店在財物、人力的額外支出。而製造廠商利用店頭海報來達成促銷目的，無論對企業知名度的建立、新產品的推出、突破銷售額等要點，都有莫大的助益；最重要的是可藉此與零售店建立深厚的互動關係，開擴長久的銷售途境。

二、POP海報構成要素

POP海報和平面設計的關係可說是密不可分的，其「構成要素」也是大同小異，不外乎文字、插圖、編排、色彩等等。手繪POP任何一種設計用途，無論是海報、價目卡、吊牌設計等，都是由這些構成要素的取捨、配置而構成，唯有表現的方式不同，而產生不同的效果。

■構成要素包含有：

（一）文字／

分為主標題、副標題、說明文、公司名等

表現方式

（可依需要，以不同的字形大小作搭配）

（二）插圖／

分為寫實、抽象、立體、印刷圖片等

表現方式

（可依需要，以透明或不透明顏料上色或紙張剪貼）

（三）編排／

分為直式海報與橫式海報兩大類

表現方式

（直、橫式海報皆可以直、橫式編排交互運用

（四）色彩／

分為寒色系、暖色系、無色及特別色四種

表現方式

（可依季節、節慶或折扣等需要加以運用）

（五）飾框／

分為直線、曲線、不規則曲線等

表現方式

（通常用來強調某部份的文字和增加畫面的強度）

本章節將為您更詳儘的介紹構成要素所包含的表現方式，在製作海報時，可直接挑選適合的表現方式，以縮短海報設計的時間。

（一）文字

■有趣的POP字體

在衆多的字體中，如何能獨樹一格，或在浩瀚的文字群裡，能一眼就被看出，端賴書寫文字時所表現的獨特個性或魅力；例如宋體字有別於書寫的草、隸、篆等書體，就是一個很好的例證。

就POP字體而言，由於所使用的筆材、顏料不同，字體在裝飾前或裝飾後的字形又有極大的差距，所呈現出來的效果各不相同；如要文字的效果符合文字的意義或感覺，就必需要在平時多嚐試各種不同的文字寫法，如此才能有傲人的成績，成功的設計出一張吸引人的店頭海報。

1.正字

店頭海報

●優點：清晰、整齊具說服力、有整體感。
●缺點：呆板、缺乏韻律感。
●適用場合：說明文或較嚴肅場合的海報上。

2.個性字

店頭海報

●優點：活潑、韻律感十足、變化多。
●缺點：變化不當將造成視覺混亂。
●適用場合：主標題、活潑的海報。

3.變體字

店頭海報

●優點：變化多、容易書寫、不需轉筆。
●缺點：較輕佻不正式、需考慮表現的場合。
●適用場合：具中國味、復古的海報。

4.一筆成形字

店頭海報

●優點：一筆成形書寫容易，較實心字體活潑。
●缺點：變化大不宜當說明文。
●適用場合：主標類、兒童的或俏皮的海報上。

5.胖胖字

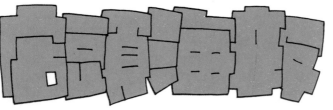

店頭海報

●優點：俏皮、活潑大方。
●缺點：變化大不宜在副標題及說明文使用。
●適用場合：主標題或兒童的活潑的海報上。

6.宋體字

店頭海報

●優點：明晰、易辨、整齊等，是國人習慣閱讀的字體。
●缺點：筆劃複雜書寫不易、呆板無韻律感。
●適用場合：主題、內文皆適宜、嚴肅的場合。

熱情
美味
特價
雞尾酒

（二）挿圖

■畫龍點睛

「挿圖」在POP海報上原本是輔助文字的性質，但在說明文字較少的畫面中便扮演著相當重要的角色，如「畫龍點睛」般，若一篇精彩的文章沒有突出的挿畫搭配，就會產生枯燥呆板的感覺，更別說是在製作吸引顧客賺取利潤的「店頭海報」上，它絕對是重要的一環，而其表現方式更是繪製者不可不熟知的。

■**表現技巧**

插圖的表現可分爲四大部分（一）上色方式（二）材質的搭配（三）邊框的描繪（四）背景的上色的方式。其上色方式可分爲平塗、渲染、點描、線條等，可依個人需要來選擇；材質的變化上有麥克筆、水彩、廣告顏料等，也可用棉紙撕貼或圖片剪貼等特殊技法；邊框的描繪有單線、雙線、虛線、抖線等等，表現的方式包羅萬象，讀者們應多多蒐集資料，多看畫多動手練習，遇到難題才能迎刃而解。

文字編排型式

○ 主標題　□□□□ 副標題　—— 說明文　□ 插圖　••••• 公司名

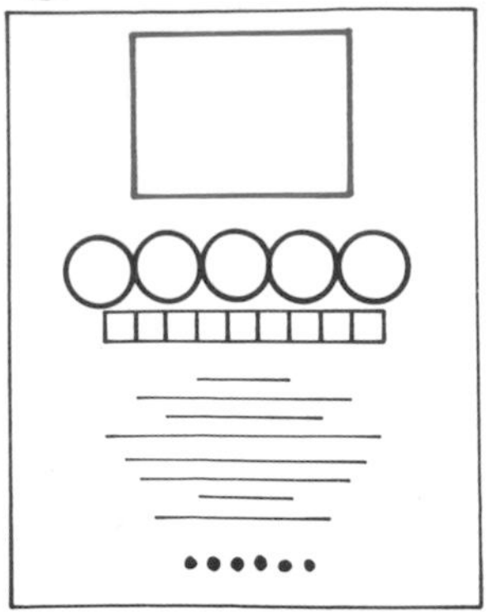
●齊中的編排（插圖位於上方）

●齊中的編排（插圖及主標題置於上方）

●齊中的編排（插圖位於中央）

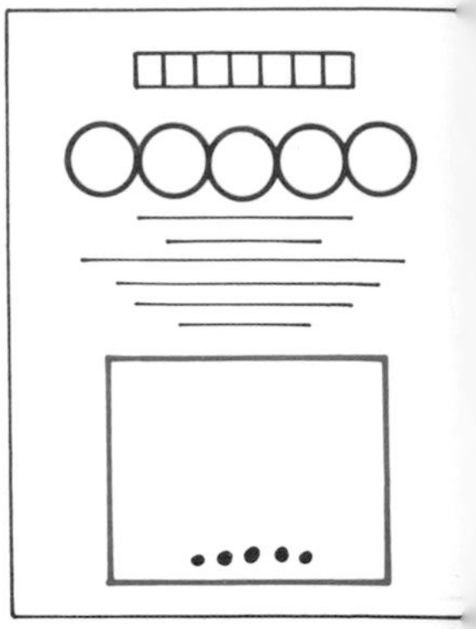
●齊中的編排（插圖位於下方）

●齊頭齊尾的編排（橫式說明文）

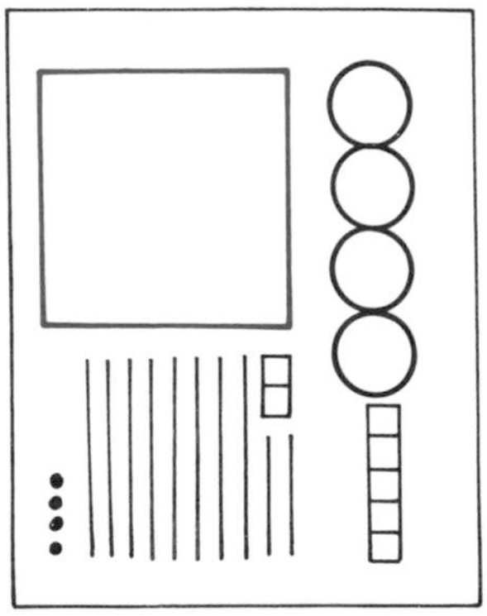
●齊頭齊尾的編排（直式說明文）

●齊頭齊尾的編排（插圖居中）

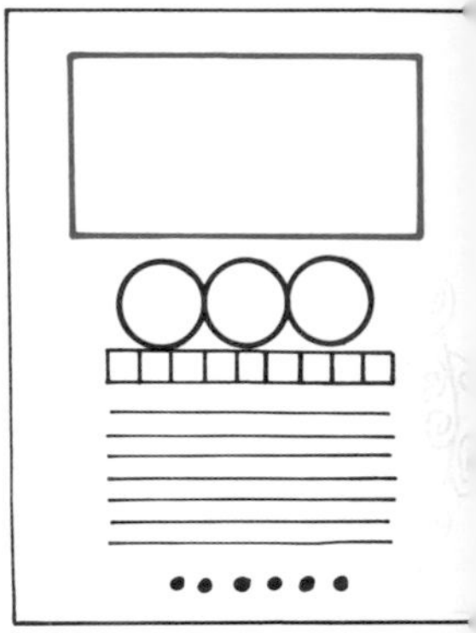
●齊頭齊尾的編排（插圖位於上方

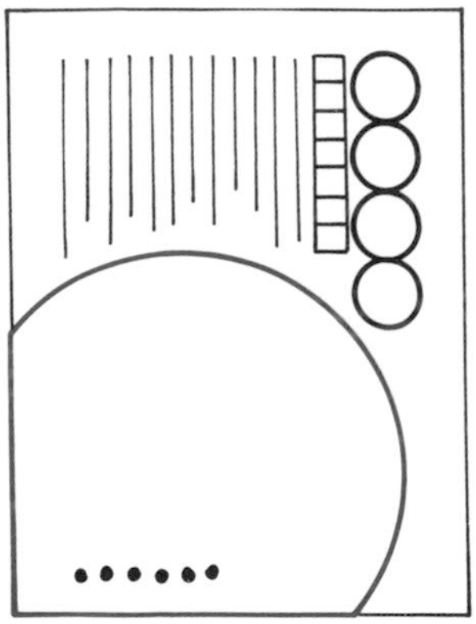
●齊頭不齊尾的編排（直式說明文）

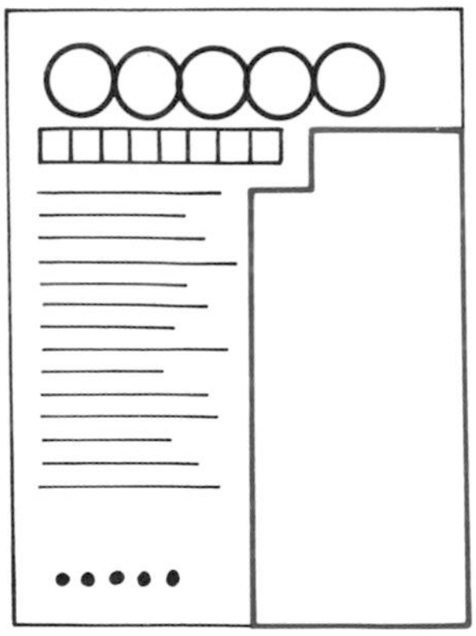
●齊頭不齊尾的編排（橫式說明文）

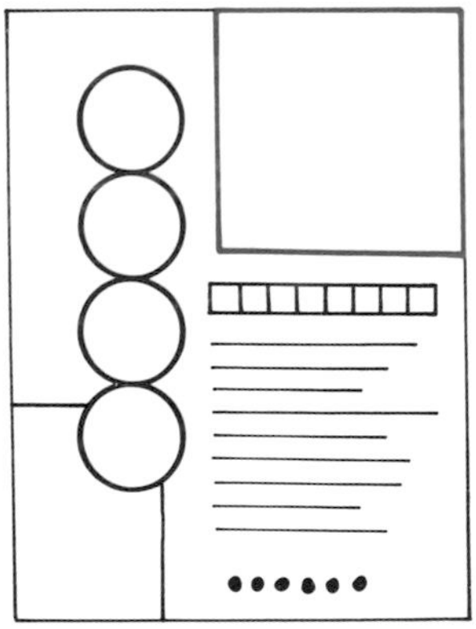
●齊頭不齊尾的編排（插圖位於對角線上）

●齊頭不齊尾的編排（置於左右

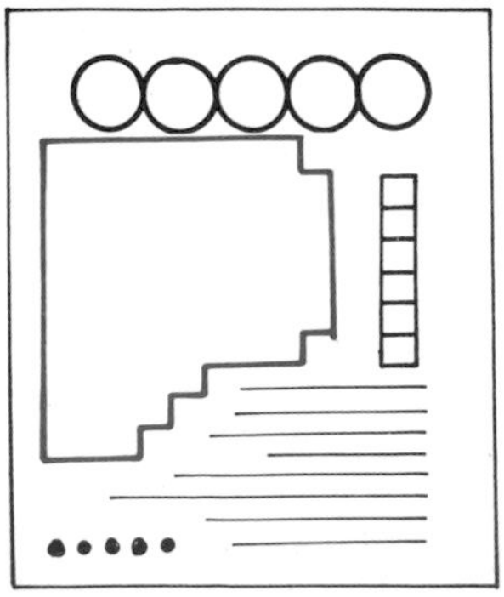
●不齊頭齊尾的編排（以圖爲重心）

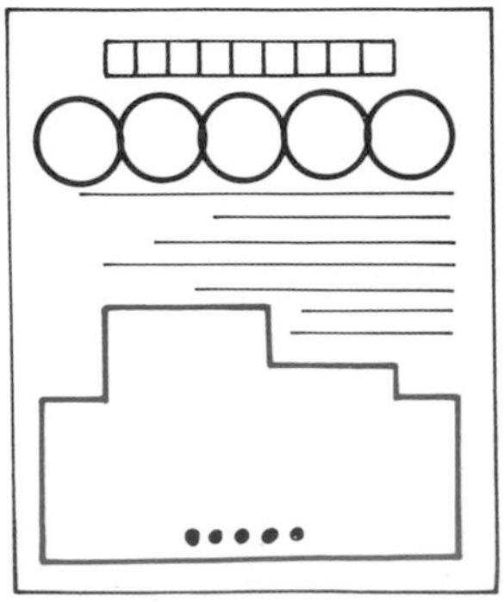
●不齊頭齊尾的編排（圖片位於下方）

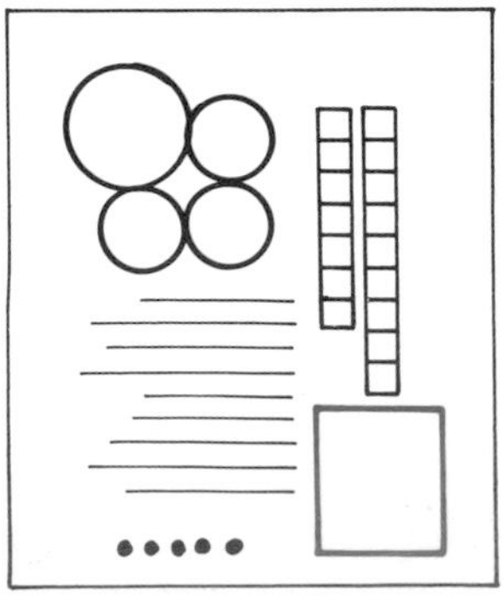
●不齊頭齊尾的編排（部份重點說明的插圖）

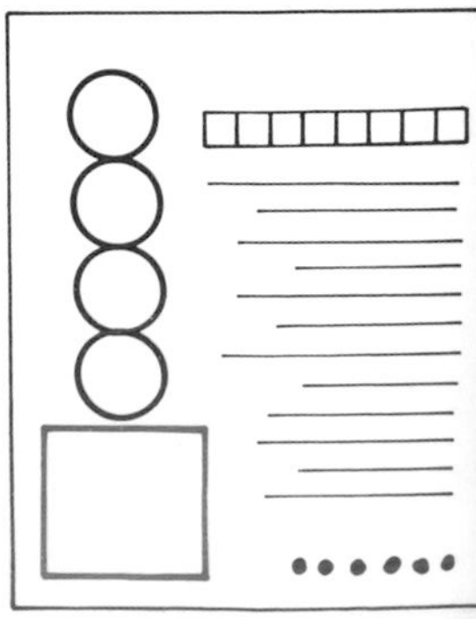
●不齊頭齊尾的編排（部份重點說明的插圖）

插圖的編排型式

主標題　副標題　說明文　插　公司名

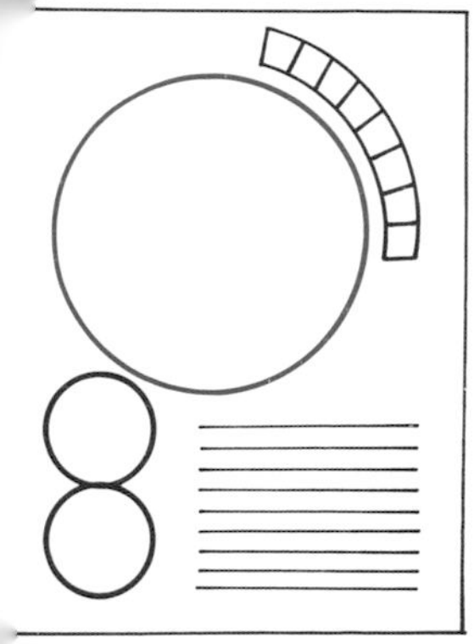

圓形插圖（副標沿著圖片排列）

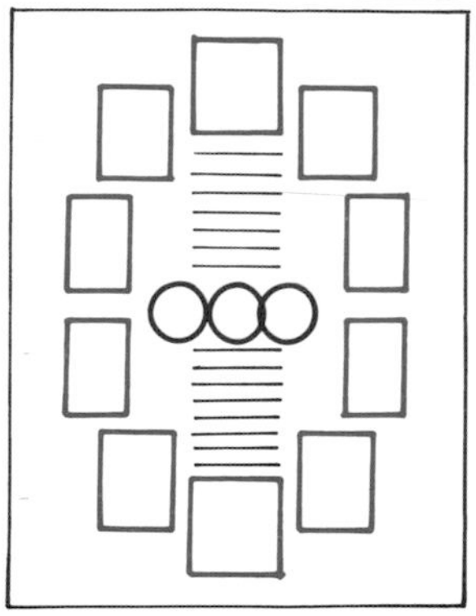

●以圖片包圍說明文（齊中的編排）

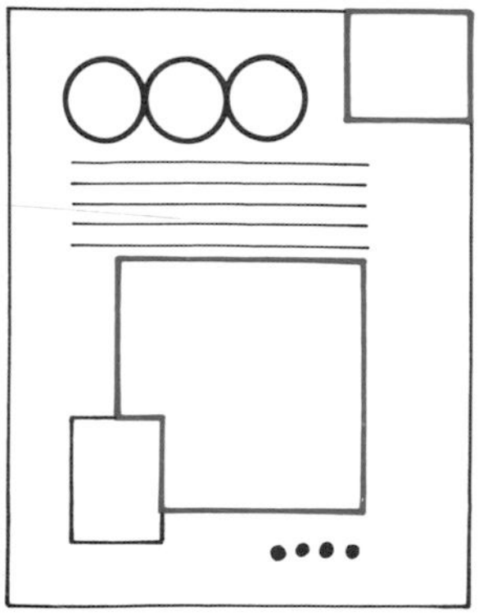

●圖片重疊型式

●以圖爲底紋的型式

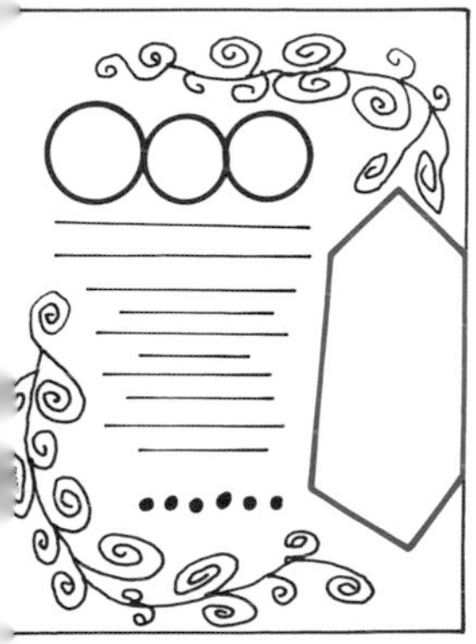

以花邊插圖做裝飾

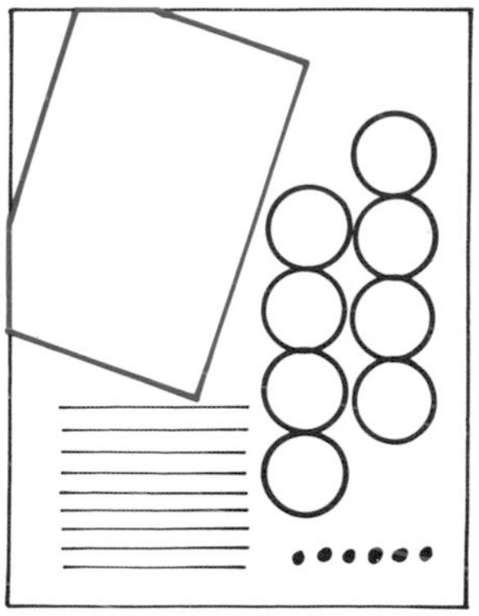

●傾斜裝飾的型式

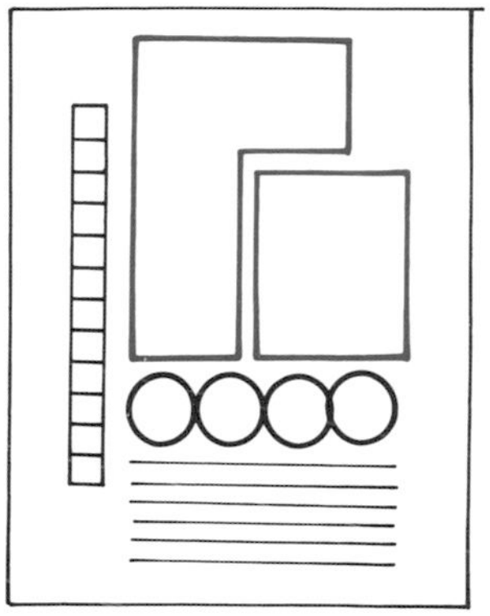

●圖片重覆出現

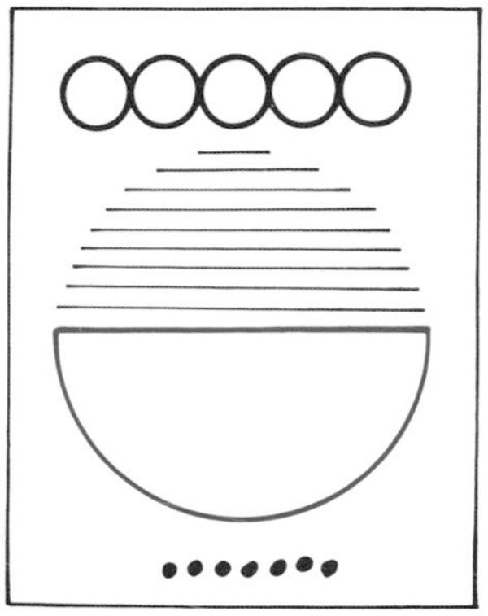

●將圖切割成半圓形配合說明文

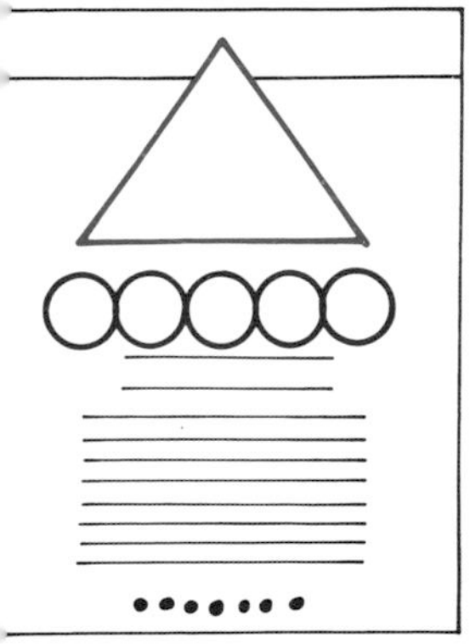

三角型的插圖

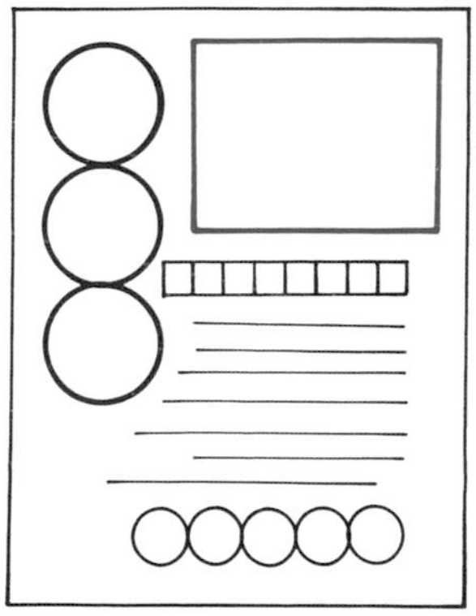

●一般的插圖位置

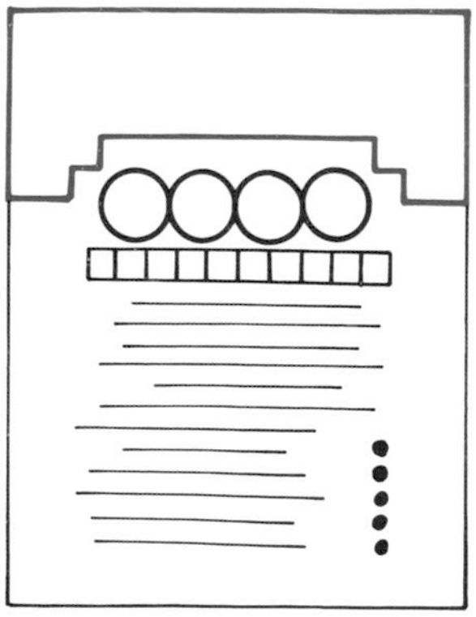

●將插圖橫於版面上方

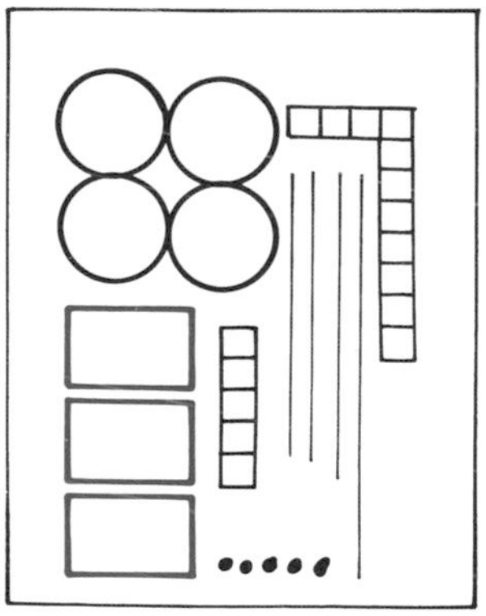

●說明性的插圖

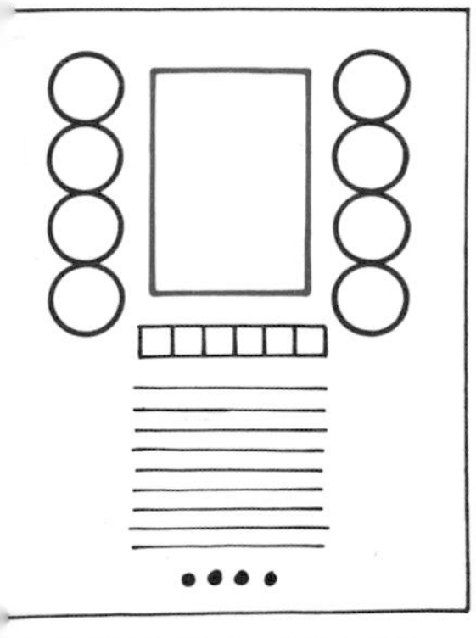

中規中距的型式（具告示性）

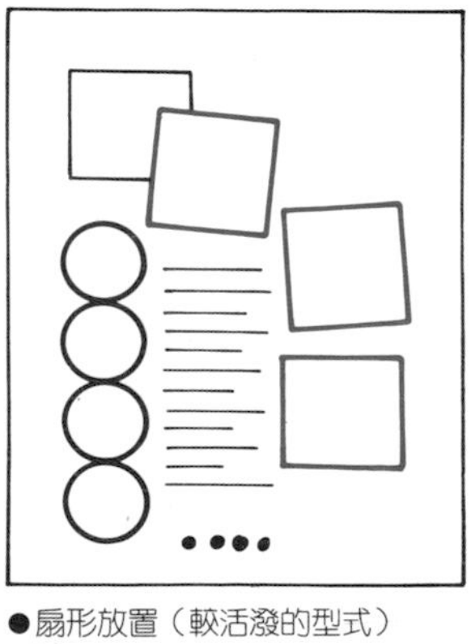

●扇形放置（較活潑的型式）

●傾斜的放置的圖片

●左右放置的圖片

■色彩—聯想與象徵

當我們看到某種色彩時，常把這種色彩和我們生活環境或生活經驗有關的事物聯想在一起，稱爲「色彩的聯想」，因此聯想的範圍差距並不會太大。

紅色，有時會聯想到結婚喜慶，因此感到喜氣洋洋；但有時聯想到流血的現象時，恐怖不安之情油然而生，因此創作POP海報時必需要依場合氣紛、時節來表達文字所要傳遞的意念，才能讓觀者一目了然。

色彩的聯想，經常是由具體的事物開始，所以眞實的事物成爲聯想啓發的要素，但是，如果純由抽象性的思考去面對色彩，將色彩在人心理上反應表達出來，這種情形稱之爲色彩的象徵。

色彩的象徵，往往具有群體性的看法，如白色、大部分都認爲其象徵和平、光明、祥和；紅色象徵博愛、仁慈、熱情、霸氣；綠色象徵繁榮、健康、活力。任何顏色象徵的意義，可能因爲環境、種族的差異而有所不同，當然所表達的構思一般來說還是需要多數的觀者認同，才能稱得上是好作品，經由筆者一一概略說明配色要領後，相信各位讀者必定更有信心創作出更有可看性的POP海報，加油！

色彩	色相	具體的聯想	抽象的象徵
	紅	血液、口紅、國旗、火焰、心臟、夕陽、唇、蘋果、火	熱情、喜悅、戀愛、喜慶、爆發、危險、熱情、血腥
	橙	柳橙、柿子、磚瓦、晚霞、果園、玩具、秋葉	喜悅、活潑、精力充沛、熱鬧、和諧、歡喜
	黃	奶油、黃金、黃菊、光、金髮、香蕉、陽光、月亮	快樂、明朗、温情、積極、活力、色情、刺激
	綠	公園、黨派、田園、草木、樹葉、山、郵筒	和平、理想、希望、成長、安全、新鮮、動力
	藍	海洋、藍天、遠山、湖、水、牛仔褲	沈静、涼爽、憂鬱、理性、自由、冷静、寒冷
	紫	牽牛花、葡萄、紫菜、茄子、紫羅蘭、紫菜湯	高貴、神秘、優雅、浪漫、迷惑、憂柔寡斷
	黑	夜晚、頭髮、木炭、墨汁、黑板	死亡、恐佈、邪惡、嚴肅、悲哀、絕望、孤獨
	白	雲、白紙、護士、白兔、白鴿、新娘、白襯衫	純潔、樸素、虔誠、神聖、虛無、廣大

（五）裝飾框邊

裝飾框邊簡稱「飾框」，在店頭海報上具有畫龍點睛的重要功能，它凝聚海報的視覺重心，並能使海報的配色更爲精彩奪目，堪稱是海報製作成敗的重要關鍵，是設計製作時不可乎視的要素之一。

店頭海報範例（一）——正字

要點說明／以正為標題的海報通常可表現出較為工整而嚴肅的感覺，最適合運用在化妝品類或百貨公司中；為了使其字體工整，所以必須先以鉛筆將框格畫出，以利書寫；若希望整體感覺更活潑些，可在色彩配置上多下點功夫，如此必能做出一張整潔又不失變化的海報。

●告示海報／正字〈自然保育〉／剪貼

店頭海報範例（一）—— 正字

要點說明／此海報的標題字"七彩神仙"是先以電腦將字體打好後再印出，然後再以燈光台描繪其輪廓，並將其單字以不同顏色繪製，以表現"七彩神仙魚"的顏色多變。

●促銷海報／正字〈七彩神仙〉／圖案影印剪貼

店頭海報範例（三）—— 活字

要點說明／以活字爲標題字的海報，其整體感覺較正字爲標題的海報活潑許多，一方面編排上不需工工整整且不顯得呆板，另一方面，活字在書寫時速度也較快，字體大小也不必太一致，所以主標題以活字來書寫是一項快速且活潑的表現方式，若覺得版面整體太於浮動，在書寫說明文時，可加入正字來穩定畫面；此海報的標題字字體稍大，由於紙張大小所限所以排列成弧狀，而其他的說明文字可視其剩餘的空間來選擇放置；標題色彩爲粉紅色，則挿圖略帶藍色，才能使整體色彩搭配更多變化，再配合幽默的挿圖，整張海報就更有看頭了。

●訊息海報／重疊字（清涼有勁）／廣告顏料

店頭海報範例（四）—— 活字

要點說明／標題字以活字來書寫時，事先必須將字體的位置描繪出來，才不會有寫不下的情形發生，相同的，在標題字書寫完成後再決定挿圖和說明文的位置，因爲往往標題字在書寫後並不一定和預期的一樣，若書寫後感覺不一樣，則其它要素必需有所變更，才不會越來越糟糕；此張海報因爲主旨是強調商品的流行性，所以在色彩、編排、挿圖等要素上都有稍微強調和誇張；黃、藍對比的標題字加上酷呆了的挿圖，總會讓顧客的目光多停留片刻的。

●促銷海報／活字（牛仔酷）麥克筆

店頭海報範例（五）—— 重疊字

要點說明／重疊字體變化較大，一般來說若配置得宜，則標題字會相當吸引人，可彌補插圖平淡無奇之不足，但書寫時必須將字形細心勾勒，所以步驟較爲繁複，此張海報的標題不但特殊而且加上銀色勾邊在深色部份的星星圖案，更能襯托出主題（珠寶首飾）的燦爛光華，使整體氣氛提升了不少，這個技巧可多加運用，相信更能增添海報作品的可看性；若您書寫後有剩餘的空間，也可像此海報一樣增加小插圖，來點綴畫面（但空間太小時則不必要）。

●形象海報／重疊字（金光燦爛）／麥克筆

店頭海報範例（六）—— 重疊字

要點說明／此張海報的標題字配合〝賤狗〞的可愛特性，將字體寫的較不工整，仿孩童初學寫字的筆法，使整體帶有一種另人發噱的感受，讓觀者馬上能想到「賤狗」的性格，引起消費者的衝動購買慾望，才能帶來銷售商品的機會；海報中的挿圖部份佔有畫面的三分之一，用意也是在使觀者能夠容易連想到「賤狗」，如果只是標題字體的表現，在促銷成果上，可能不及只有賤狗而沒有文字的一半，因爲挿圖本身就帶有相當豐富的語言，而文字給消費者的聯想在某些主題上卻是有限的。

●促銷海報／重疊字（家有賤狗）／麥克筆

店頭海報範例（七）—— 一筆成形字

要點說明／此張海報的標題字約占畫面的一半，由於發揮空間較大，所以色彩的變化也多，「花彩精靈」是先以鉛筆將字形勾勒出來，再分別以四種淺色筆將其字形填色，最後再以深藍色筆繪出字形，使淺色字能突顯出來；畫面中由於文字的編排變化較少，若圖片也是方形的，就可略將圖片去背景，整體感覺才不致太呆板。

●告示海報／一筆成形字（花彩精靈）／圖片剪貼

店頭海報範例（八）—— 一筆成形字

要點說明／此張海報的特點是標題字的「字、圖融合」，以寫實的「口」代替字面上的「口」來提升畫面的可看性；色彩上，由於標題是以洋紅為主的暖色，所以挿圖以藍綠兩色寒色來搭配，使整體感覺更明亮而活潑，由於海報底紙為白色且挿圖是白衣天使，所以筆者在挿圖的背景部份做變化，如此色彩搭配上才不會太單調。

●告示海報／一筆成字（口腔衛生）／麥克筆

店頭海報範例（九）—— 木頭字

要點說明／以木頭字爲標題的海報，其主題較不合適太剛性的字眼，而以木材或天然有關的主題較恰當；木頭字在書寫時手序較複雜，必須用淺色筆先將字形書寫一遍，再以深色筆將直的筆劃勾勒出來，最後在用褐色細筆將木頭的紋路描繪出來，才算大功告成；此海報的編排爲居中的排列，沒很特出的部份，若挿圖的表現在突出一些感覺會更搶眼。

再生紙
☆做環保要整合!!
整合
環保
再生
自然資源相當有限，禁不起人爲的取用；想要做環保就要整合可用資源
（使用再生物品）
環保联盟組

●告示海報／木頭字（再生紙）／麥克筆

店頭海報範例（十）—— 木頭字

要點說明／這張海報的主題「防颱準備」用木頭字來表現是再恰當也不過了，因為颱風來時大家皆會想到將屋舍釘牢，避免災禍產生，因此木頭字是最直接聯想的主要媒介；此外，副標題的裝飾頗為特別，只勾勒了幾個筆劃，其手序簡單但效果不減；「防颱準備的標語帶有相當的警示性，所以挿圖也必需將其誇張來來帶動畫面的氣氛。

●告示海報／木頭字（防颱準備）／廣告顏料

店頭海報範例（十一）—— 變體字

要點說明／「變體字」是以軟筆書寫而成的字體，筆劃粗細變化較大，所以不適合太多的裝飾變化，通常以色彩的對比來強調字體，此海報就是將「鮮」字以鮮黃色來書寫，強調蔬菜牛奶的新鮮感；挿圖部份的蔬菜是以所謂的「乾筆法」上色的，它可描繪出特有的光影部份，使物體本身更加立體而寫實，不失爲一種上色的好技法；「新發售」的部份以強調記號框出，也顯示出產品的新奇，讀者們在製作海報時也可列入考慮。

●促銷海報／變體字（搶鮮上市）／麥克筆

店頭海報範例（十二）—— 變體字

要點說明／此張海報的主標題配色比上一例更爲突出，用法不同效果也不同，因爲主題是關於娛樂的訊息，所以設計時要比一般的海報更爲活潑，因此這張海報的每一要素皆比一般海報來得俏皮而亮麗，尤其是插圖的表現，不但造型可愛而且配色也相當清爽明亮。

●訊息海報／變體字（致命武器）／廣告顏料

店頭海報範例（十三）——印刷字體（超圓重疊字）

要點說明／以筆者多年的經驗來說，通常娛樂業的海報是最容易製作的也是最麻煩的，這又要從何說起呢！最容易的部份，是因爲題材、流行語、挿圖隨手可得，可由商家提供，也可由書籍雜誌內輕易取得，可說製作時只需「剪輯」就可完成；而麻煩的部份在於海報內容若是「得分表」或是「統計表」之類的表格，就必須以尺規細心的量定尺寸來繪製，而且內容中的「數字」部份必須很準確，在取得資料時也很花時間，這就是所謂的「最容易也最麻煩」了。

●開幕海報／印刷字體（超級玩家）／圖片剪貼

店頭海報範例（十四）——印刷字體（粗黑加超圓重疊字）

要點說明／由印刷字體來製作的海報，比一般手繪字體的繪製要費時許多，因其必需先將標題由電腦打字，輸出後再影印放大，再將放大的字體以有色紙張剪出後才貼於畫面上；雖然手序繁複，但總是「慢工出細活」，其所呈現出來的效果遠比手繪海報「精緻」數倍之多，所以，以印刷字體製作海報的，還是大有人在。筆者以兩種字形來區別抒情和搖滾四字，爾後讀者們所使用的機率會很多，例如：美女與野獸等相反詞，須多加牢記。

●形象海報／印刷字體（抒情搖滾）／廣告顏料

店頭海報範例（十五）—— 印刷字體（超黑體變形）

要點說明／時下的電腦繪圖軟體普及率相當高，且均有字體「變形」的功能，此海報標題的變形只是其中之一而已，讀者們可依個人需要做出不同的造型出來，如第26頁的「超級玩家」也是變形設計的一種；印刷字體剪貼的另一項優點是字體的色彩不受麥克筆的顏色所限制，不但精緻且顏色多而飽合，在有色紙張上也不必擔心筆水顏色會受紙張顏色所影響。

●形象海報／印刷字體（狄士尼）／麥克筆

店頭海報範例（十六）—— 印刷字體（綜藝體）

要點說明／印刷字體在將字形剪下時，有部份部首和筆劃不相連，若依原字形剪下，則筆劃和部首易散亂，黏貼時要花時間將其組合成字，在此筆者教各位一個小技巧，先使用刀片將摟空部份割好，再用剪刀剪出字形，若剪到筆劃連接處時先別急著剪斷，在剪出一道相連的部份（約0.3～0.5公分），如圖「理」字的王和里中間，待字形剪好以噴膠黏貼後，再將其割掉。如此字的黏貼處理就更容易而完整了。

●訊息海報／印刷字體（廣告代理）／廣告顏料

■電腦字體

隨著電腦科技日益的進步，擁有個人電腦的人口增加迅速，爲了市場變化和需求，現今的電腦字體已經不像從前那樣寥寥無幾，且繪圖軟體日漸繁多，市面上的店頭海報已充斥著運用繪圖套裝軟體所繪製而成的POP廣告物；它滿足了店家少量、精緻的需要，也節省了相當多的印刷製版費用，具有相當的經濟效

1 文字立體

麥克筆字

2 文字傾斜

麥克筆字

3 文字變形

麥克筆字

4 文字空心

麥克筆字

5 文字反白

麥克筆字

益，所以使用電腦繪圖軟體來製作店頭海報的時機已成熟了；但目前市場上曉知使用的店家還需教育和開發，當電腦的普及率再增加時，POP廣告物便成爲人人皆可繪製了。借此機會，筆者期望這些範例能帶給各位讀者們更多新潮流的啓發，滿足您最適切的需要。

6 立體漸層

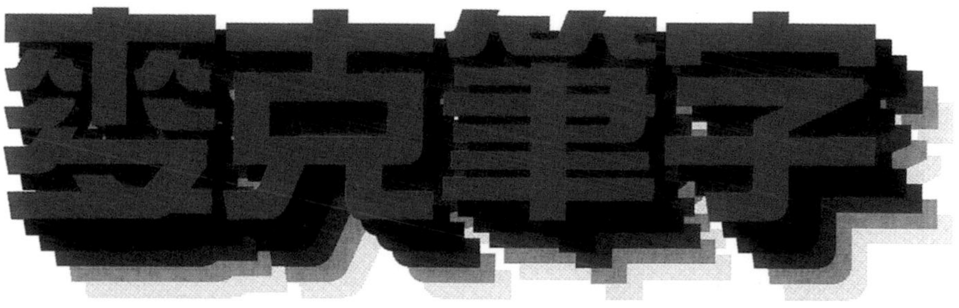

7 筆劃破壞

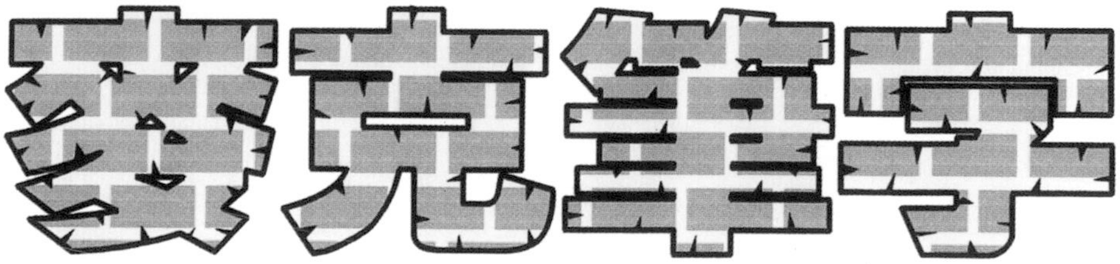

8 變形組合

9 立體動感

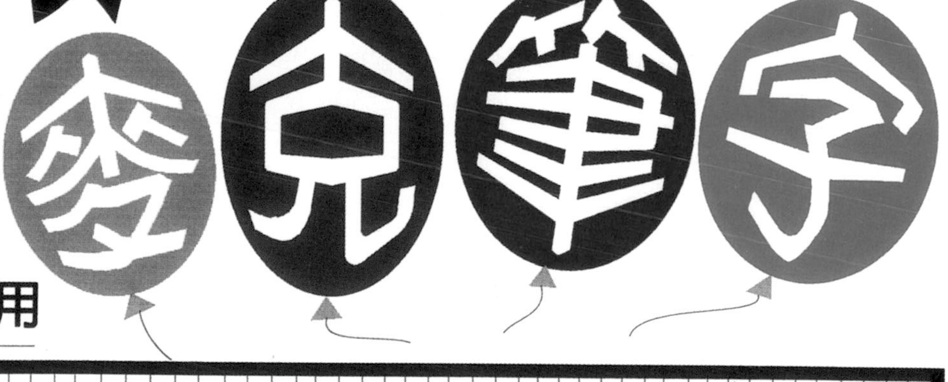

10 色塊應用

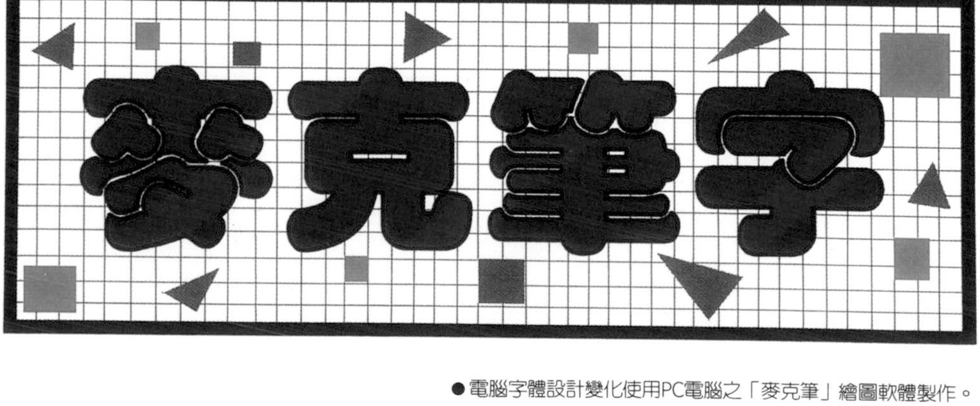

●電腦字體設計變化使用PC電腦之「麥克筆」繪圖軟體製作。

店頭海報範例（十七）—— 電腦字體

要點說明／電腦套裝軟體所繪製的海報優點很多，不但精緻且顏色鮮明，修改容易又可補大量印刷之不足，約可連續印製1～500張左右，相當合乎一般店家的須求，但畫面設計部份不可太複雜，因為一般電腦的處理速度不快（若太多圖片或插圖可能要印上半天），所以插圖的部份可另行以手繪上色，在拼貼於畫面上，才較省時。

●招募海報／電腦字體（灌籃高手）／麥克筆

店頭海報範例（十八）—— 電腦字體

要點說明／電腦海報製作時可多運用色塊來彌補字體的單薄，但儘量不要將畫面底色全部填滿，如此會增加相當多的處理速度和輸出的時間，讀者們可多利用軟體內已附有的插圖，內含的圖片較不會影響處理速度；若各位的預算許可，儘可能自己擁有一台掃描器和印表機，才能節省時間，達到快速便捷的效率。

看不出來的…
燜燒"鍋"
媽媽的好幫手！
體貼価/
1990元
新形象家電量販

●促銷海報／電腦字體（燜燒鍋）／軟體內附插圖

西式早餐		商業午餐		燭光晚餐	
■ 鮮肉漢堡 (豬．牛)	NT.50	● 咖哩飯 (豬．牛．雞)	NT.70	◆ 歐式自助餐	NT.500
■ 樂高三明治	NT.40	● 牛肉燴飯	NT.80	◆ 如意中式套餐	NT.250
■ 鮮肉香雞堡	NT.45	● 烈火炒飯 (豬．牛．雞)	NT.85	◆ 皇家牛肉麵	NT.160
■ 威尼斯沙拉	NT.60	● 豬腿飯	NT.100	◆ 瑪麗沙拉特餐	NT.150
■ 荷包蛋	NT.15	● 三寶飯 (鵝．雞．鴨)	NT.90	◆ 玫瑰香甜酒	NT.180
■ 牛肉玉米濃湯	NT.30	● 紅燒牛肉麵	NT.80	◆ 草莓餅乾	NT.220
■ 美式咖啡 (冷．熱)	NT.80	● 什錦麵	NT.75	◆ 情慾海灘	NT.190
■ 鮮柳橙汁	NT.60	● 排骨麵	NT.65	◆ 特級 X.O	NT.300
■ 鮮乳 (羊．牛)	NT.30	● 花枝羹麵	NT.65	◆ 熱情泡沫香檳	NT.120

以上餐點均附麵包及飯後甜點！

服．務．電．話

TEL：(02) 554-3333．554-6666

●促銷海報/電腦字體(吃到飽)/影印圖案

●招募海報/電腦字體(徵)/軟體內附插圖

Part 2

店頭海報佈置實例

★武昌家電量販
★仙客樂餐飲
★茶語泡沫廣場

三、店頭POP實例

■茶語泡沫廣場

泡沫紅茶店在台灣是相當普遍的行業之一，通常視店面的整體感覺，來決定POP設計的色彩、編排、數量等等要素；而〝茶語〞的店面屬於狹長型，且燈光以黃色為主，除了白天光線較佳外，其它時間皆是開著昏黃的燈光；為了使店面整體顯出朝氣使其更活潑，而且不破壞原有的感覺，所以採取較亮的暖色及淡黃色紙為主色，加以調合，不但保持原有的溫馨氣氛，也增添了不少熱鬧的感覺。泡沫紅茶店大多以販售飲料和傳統點心為主，在製作POP海報時，可選擇以軟毛筆來書寫文字內容，才能顯現出整間店面的傳統風味，而且只要再加上些許挿圖的點綴，一定能吸引衆多顧客來店消費。

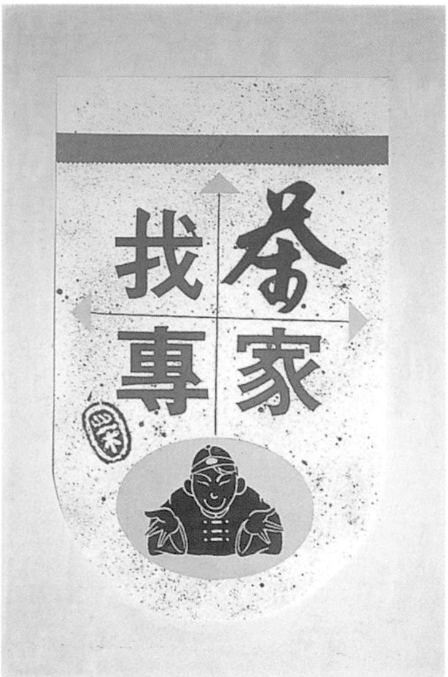

●天花板吊牌設計

●佈置實景（一）

●佈置實景（二）

■店頭POP實例——茶語泡沫廣場

●玄吊式指示牌設計

●佈置實景

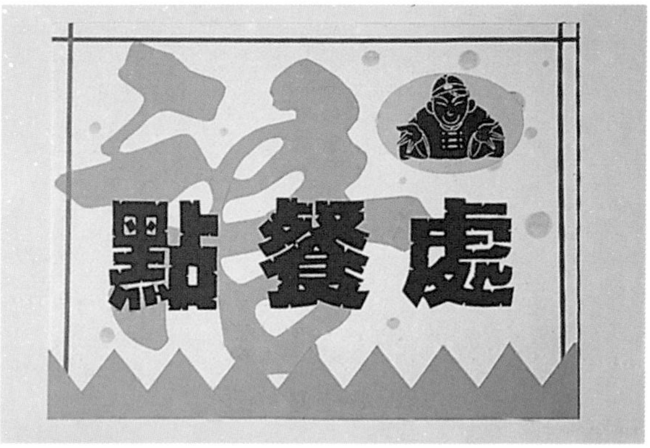

●玄吊式指示牌設計

●佈置實景

●天花板吊牌設計

●佈置實景（走廊一景）

●天花板吊牌設計

●佈置實景（走廊一景）

●價目表佈置實景

●價目表佈置實景

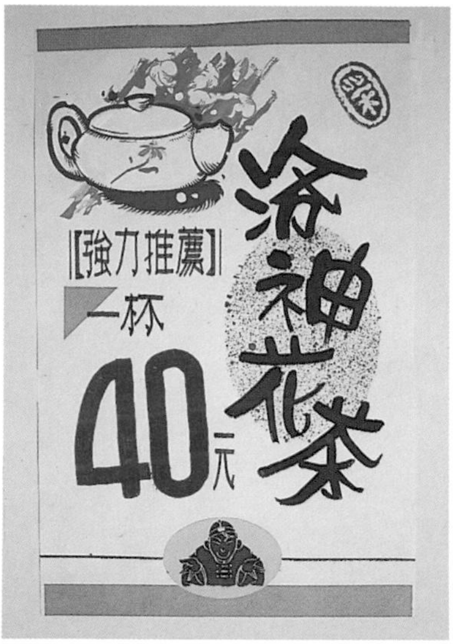

●單一產品（洛神花茶）

●統一售價產品（奶茶類）

●統一售價產品（點心類）

●特別推薦產品（茶飲料）

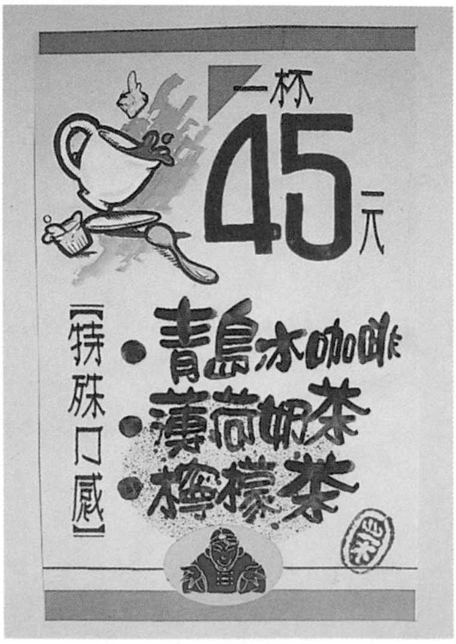

●特別推薦產品（綜合飲料）

●特別推薦產品（果汁類）

●價目表佈置實景

●單一產品（三杯豆乾）

●統一售價產品（小菜）

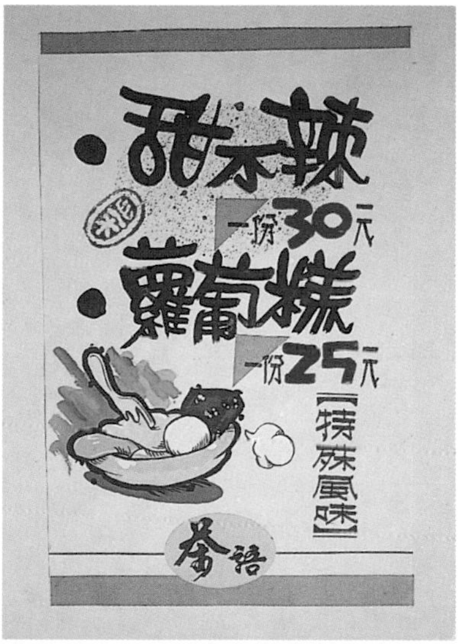

●綜合推薦產品（糕點）

●綜合推薦產品（茶點）

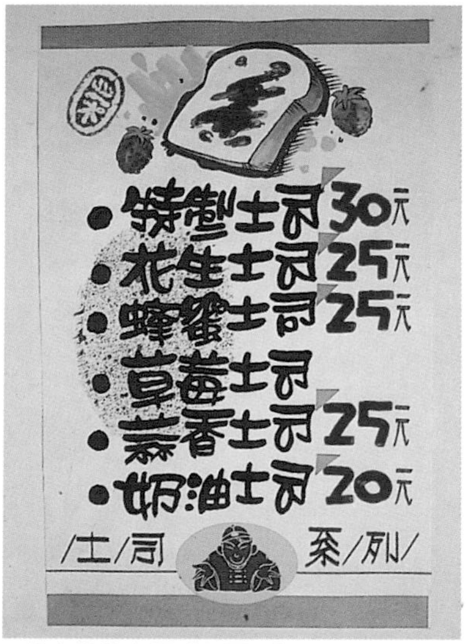

●綜合推薦產品（土司類）

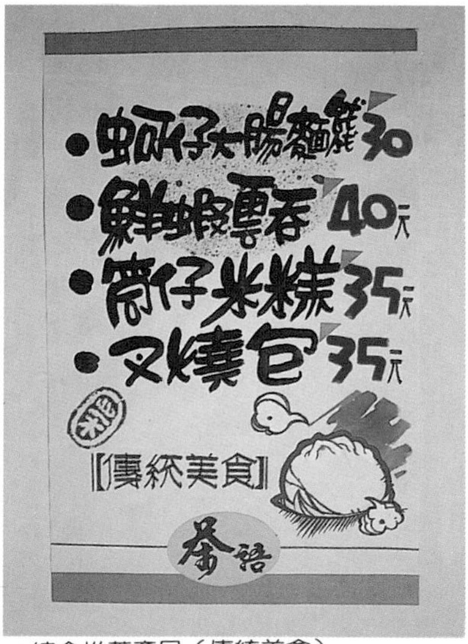

●綜合推薦產品（傳統美食）

●特別推薦產品（長期使用必需精緻化）

●桌面立牌設計

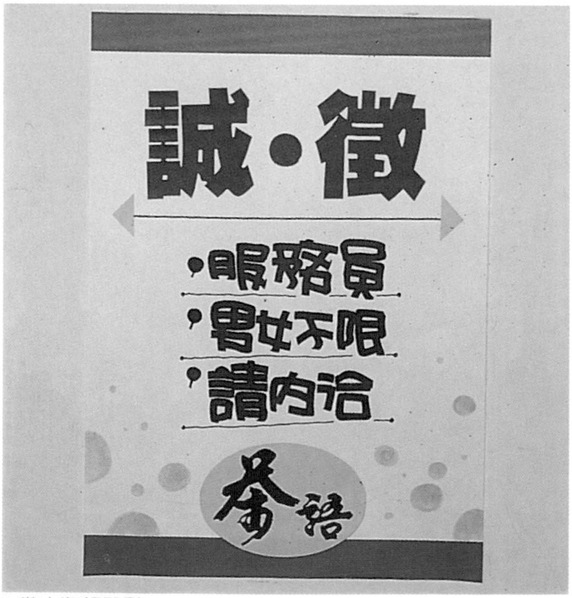

●徵人海報設計

●佈置實景

●佈置實景

●佈置實景

●佈置實景

■年節應景海報——新年

應景海報通常維期較短，目的是增加店面的熱鬧氣氛，製作海報時應選擇節慶所需的顏色爲主，也可利用這個機會舉辦促銷活動來吸引顧客上門，這次〝茶語〞以〝送紅包〞爲主要促銷噱頭。

● 巨型海報設計（應節慶所需色彩以活潑明亮爲主）

● 佈置實景

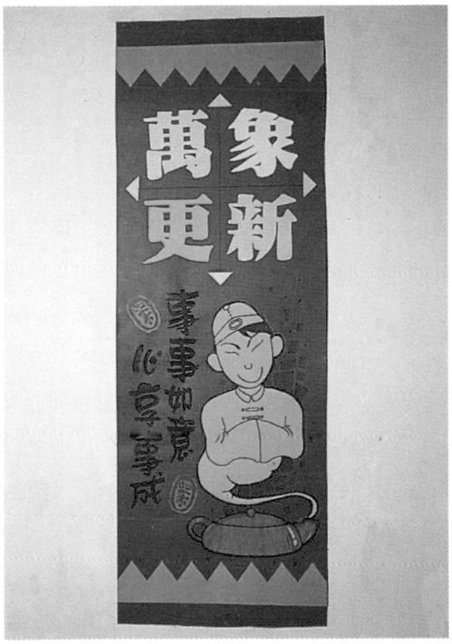

● 形象海報

● 形象海報

● 促銷海報（送紅包）

● 佈置實景

● 佈置實景

● 佈置實景（畫架也是很好的展示）

■仙客樂餐飲

「仙客樂」是一家以推出美式牛排爲主的餐飲店，無論店內或店外的裝璜設計皆獨樹一格，餐點更是有口皆碑，因此顧客絡繹不絕；店主爲回饋顧客多年來的支持與愛護，每逢節日慶典時都將店面佈置得美倫美煥，並且推出佳節套餐來響應顧客，使顧客有賓至如歸的雙重享受；因此在店頭POP的設計上大多著重於氣氛的營造。

其中，店內、外的裝璜設計是影響POP設計的最大因素，如果賣場原有的裝璜設計已經很熱鬧，而且配色多樣，那麼POP設計則儘量使其單純，反之則熱鬧活潑；「仙客樂」屬於前者，所以這次耶誕節的氣氛能成功的吸引衆多顧客上門。更仔細觀看此次的佈置，你會發現，在大部份的海報中都出現仙客樂的吉祥物「巫婆」，這也是使POP海報整體性的要素之一，讀者們可多加運用。

■店頭POP實例——仙客樂餐飲世界

●店面外觀

●吉祥圖案（巫婆）

●耶誕節玻璃貼飾（一）

●耶誕節玻璃貼飾（二）

●店內木雕扁額

■店頭POP實例——仙客樂餐飲世界

●應景耶誕樹

●耶誕海報（一）

●耶誕海報佈置實景

●店面外天花板吊旗

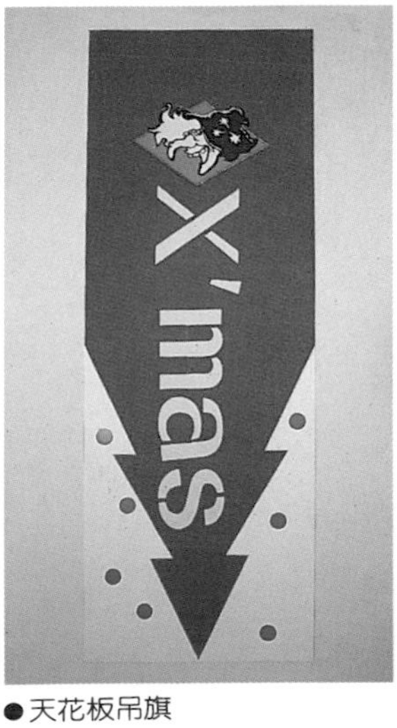

●天花板吊旗

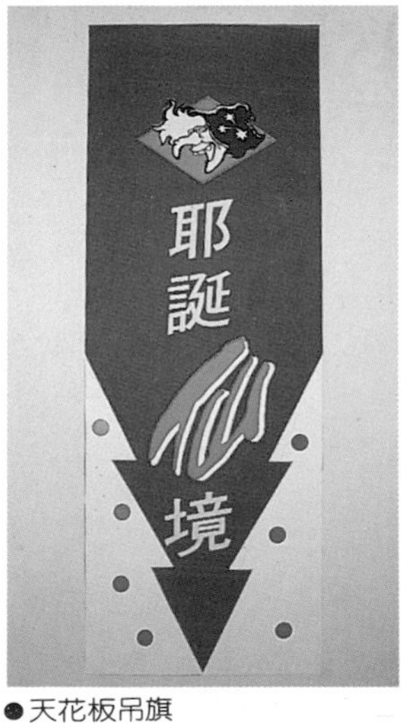

●天花板吊旗

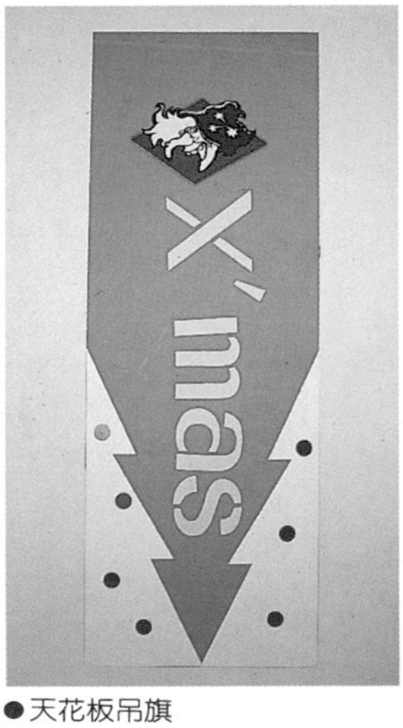

●天花板吊旗

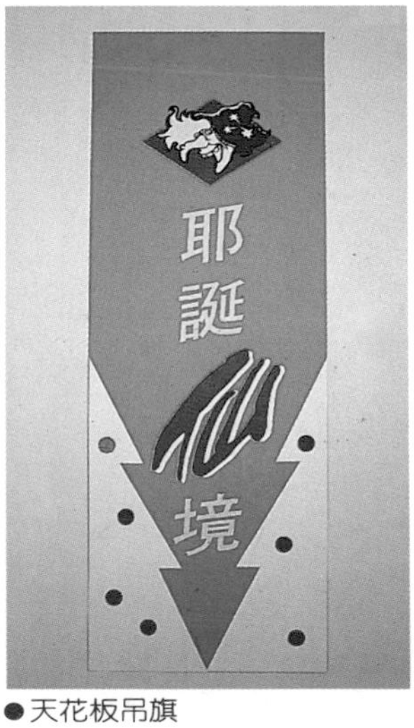

●天花板吊旗

■店內佈置實景

「仙客樂」餐飲店店內是運用柔和的黃色爲主光源，爲了使耶誕氣氛更爲活潑，所以吊旗以白色爲底色，再配上應景文字後，使在燈光照射下的吊旗顯得出奇而明亮，也帶動了店內慶祝耶誕節的快樂氣氛。

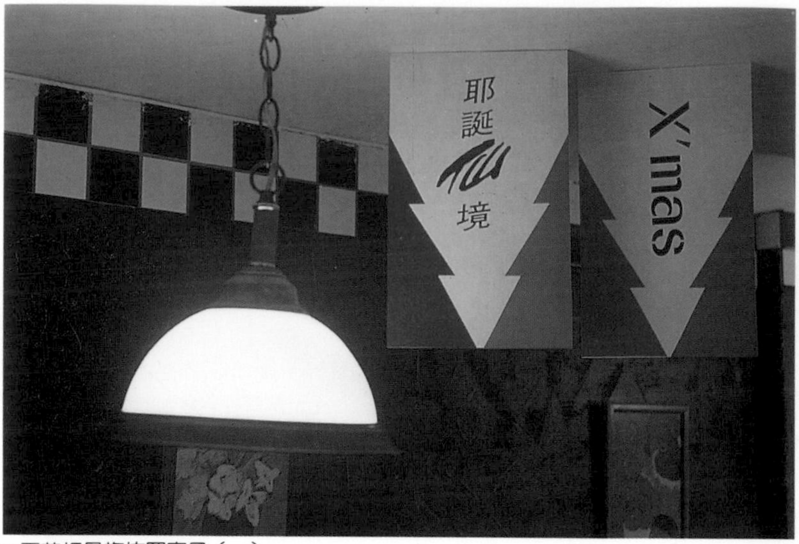

●天花板吊旗佈置實景（一）

●天花板吊旗

●天花板吊旗佈置實景（二）

●天花板吊旗

●天花板吊旗佈置實景（三）

■店頭POP實例——仙客樂餐飲世界

●壁面圖飾（象徵圖案——巫婆）

●耶誕海報（二）

●壁面佈置實景之（一）

●佈置實景

●壁面佈置實景之（二）

●壁面佈置實景之（三）

●應景壁飾

■店頭POP實例——仙客樂餐飲世界

●三角立牌（收銀台）

●立牌佈置實景收銀台

●三角吊牌（電話）

●吊牌佈置實景電話亭

●告示海報（沙拉吧）

●海報佈置實景

●桌上立牌（正、反）

●桌上立牌佈置實景

●告示立牌（謝謝光臨）

●告示立牌

●現場實景

●告示立牌（謝謝光臨）

●告示立牌（歡迎光臨）

●告示立牌（已打烊）

●特餐菜單

●洗手間鏡面卡典西德

■武昌家電量販連鎖

坊間的「連鎖」店大多需要大量的POP製作物，賣場上除了可擺置各家電廠商所提供的POP物品外，每逢節日慶典時，還可自製手繪POP來營造熱鬧的氣氛；由於各家電場商的POP物種類繁多，所以在設計手繪POP時應儘量將其單純化，使其更具統一性，才能有清新舒適的購買環境，進而使消費者對店家的印象良好。

一般家電商品多半爲穩重的單一色系，賣場在未佈置POP海報前較爲冷清，所以在POP海報設計上可運用鮮艷而活潑的純色，如此可以輕易的帶動賣場熱鬧的氣氛；因此製作POP海報時如能針對色彩的特性加以發揮，下一次的促銷案一定能事半功倍。

●武昌家電店面招牌

●天花板吊牌（新開幕）

■店頭POP海報佈置實例——武昌家電量販連鎖

● 玻璃門設計之一（卡典西德）

● 入口處外觀之二

● 入口處外觀之三

● 三角立牌(8K)

● 會場佈置實景之一

● 天花板吊牌設計

● 天花板吊牌佈置實景

● 告示海報(2K)

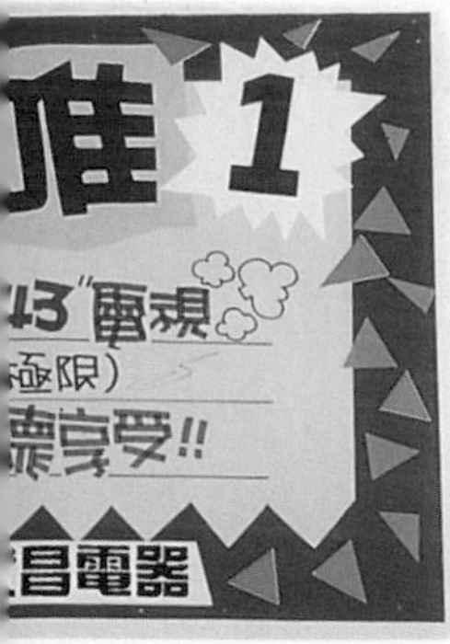

●賣場佈置實景之二

●三角立牌佈置實景（音響區）30×30cm

●三角立牌(20×20)

●佈置實景之一

●指示三角立牌（收銀台）

●佈置實景之二

■店頭POP實例——武昌家電量販連鎖

●指示牌

●促銷海報

●賣場佈置實景

●賣場佈置實景

●促銷海報

●賣場佈置實景

■店頭POP實例——武昌家電量販連鎖

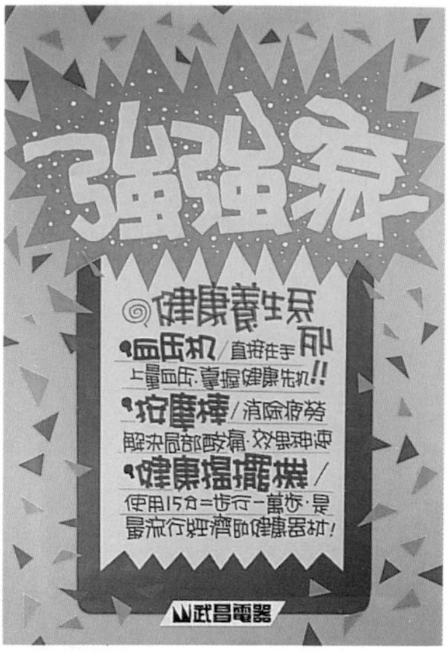
強強滾
健康養生系列
血壓計/直接在手上量血壓,掌握健康先機!!
按摩棒/消除疲勞
解決局部酸痛,效果神速
健康搖擺機/
使用15分=步行一萬步,是最流行好用的健康器材!
武昌電器

●促銷海報

單身貴族
享受不必花錢多!!
各式功能齊全的小冰箱,滿足您在家享受的樂趣,可別小看它體積雖小,卻是五臟具全呢!!
喜歡它不如擁有它!!
武昌電器

●促銷海報

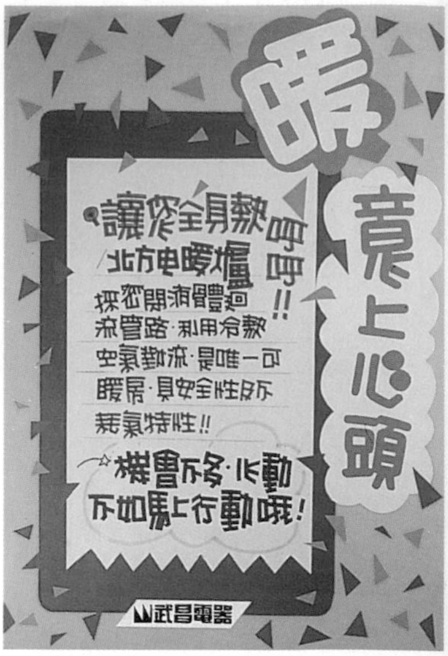
暖意上心頭
讓您全身熱呼呼
北方电暖爐
採密閉液體迴流管路,利用余熱空氣對流,是唯一可暖房,具安全性及無氧特性!!
機會不多,心動不如馬上行動哦!
武昌電器

●促銷海報

●賣場佈置實景

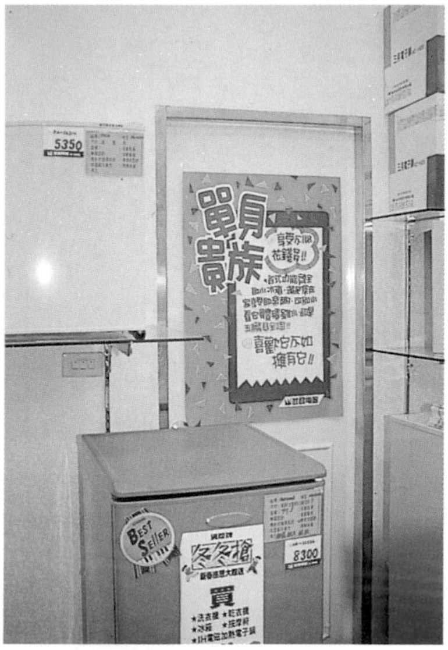

●賣場佈置實景

SALE

●賣場佈置實景

開亮的日子

●賣場佈置實景（燈具區）

Panasonic
量販
開幕特賣
National
WELCOME
歡迎光臨

●賣場佈置實景（音響區）

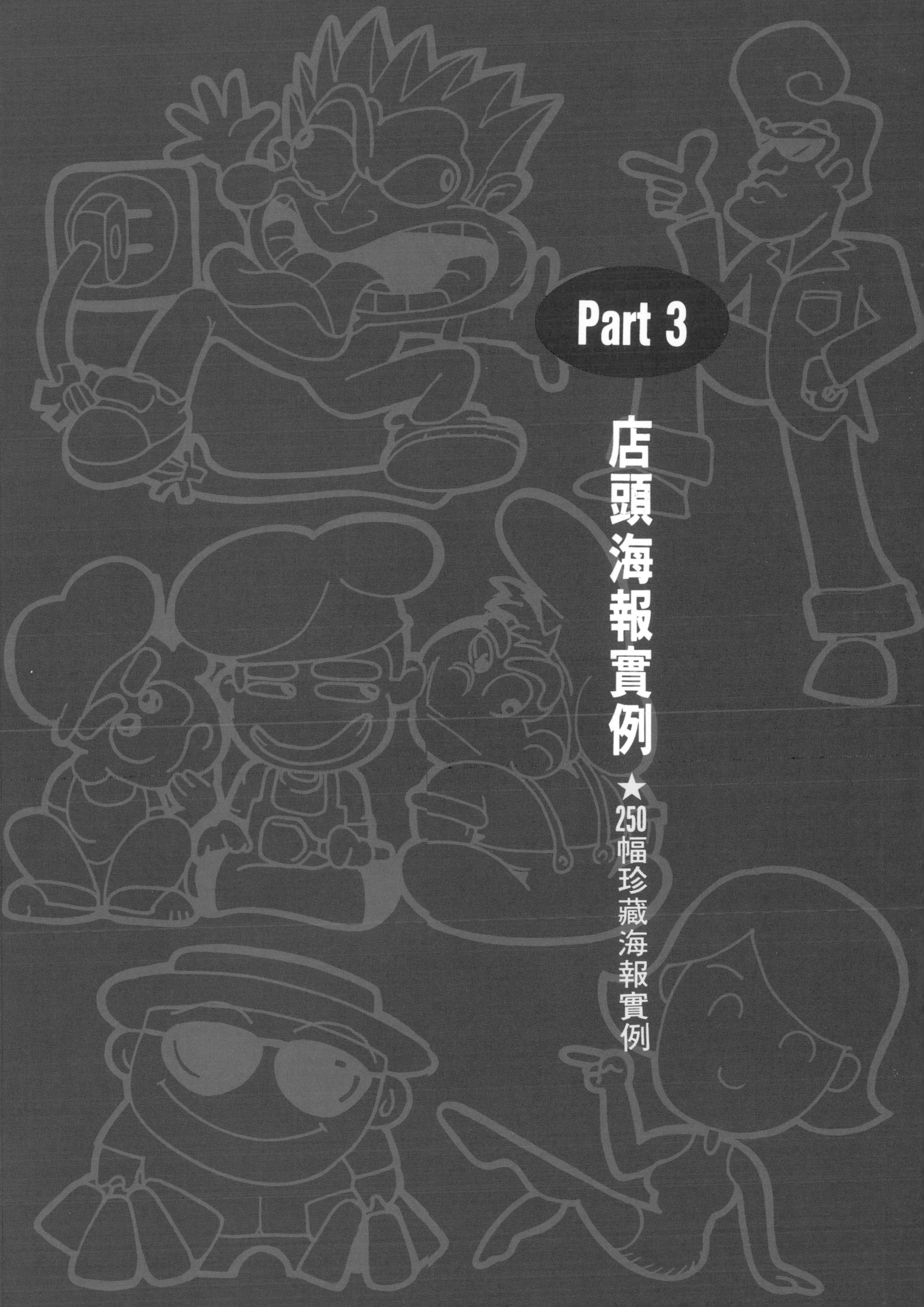

Part 3

店頭海報實例

★250幅珍藏海報實例

店頭海報

要點說明／一般的海報多半將標題字放在畫面的最上方，且變化較呆板，其實店頭海報的變化性極廣泛，無需太拘泥於傳統形式，如此才能有創新的作品呈現出來；這張美食海報已經打破了傳統的編排形式，顯得特殊而不失其重點訴求，但這種編排方式，必需要在標題的裝飾上特別下功夫，盡量使其突顯，如此才能有賓主之分，而不失原意；此外，無論在標題排列的變化上，其它還包涵色彩，插圖、說明文等，都可運用一些小技巧，就可使海報生動活潑而吸引眾人的注目。

您期待已久的美食大展終於在本月25日正式開鑼囉！現場有各國令人垂涎的美食等您大飽口腹之慾!!
時間/每日上午 9:00~16:00
地點/台北市 世貿中心
美食世界
國際美食展

●訊息海報／立體字（美食世界）／廣告顏料

●促銷海報/變體字〈奇異果〉/麥克筆

●告示海報/打點字(已打烊)/廣告顏料

●促銷海報/變體字(法國菜)/圖片剪貼

●形象海報/橫細直粗字(新年快樂)/廣告顏料

店頭海報

要點說明／海報整體屬於促銷性商品海報，標題以對比的藍、黃搭配使其顯得搶眼而突出；而“變體字”本身並不需要太多的裝飾，因爲此種字體的筆劃粗細變化較大，不像麥克筆字體筆劃單純而容易辨別，在裝飾字體時除了在字體外的顏料上下功夫外，較不適合其他的筆畫內裝飾。在挿圖方面，則不限定其表現方式，若海報字體書寫完成時，整體顯得較單調或變化少，可加強挿圖造型設計並以鮮艷活潑的方式來繪製，反之亦同。

●商品促銷海報／變體字（新鮮上市）／廣告顏料

店頭海報

要點說明／此海報的標題字相當搶眼，配色時以粉紅和紫色來強調整體的浪漫氣氛，雖然挿圖是簡單的點綴，但不失其作用，可說是相輔相成；在字體裝飾時，若字體本身和字體外的顏色太近似，可用深色筆將字形勾勒出來，使其更爲突顯而容易辨識。海報整體編排部份可在標題字書寫完成後，再視其剩餘空間的大小，來放置挿圖或內文；通常內文較多時，則挿圖必需較小而單純，如此海報整體而言才能有強弱和主副之分。

●訊息性海報／抖字（甜蜜晚宴）／廣告顏料

●形象海報／重疊圓角字（歡迎光臨）／廣告顏料

●招募海報／重疊字（綜藝總動員）／廣告顏料

●促銷海報／變體字（慈田心豆腐心）／麥克筆

●優惠海報／重疊字（免費相送）／廣告顏料

●促銷海報／雲彩字（私房菜）／廣告顏料

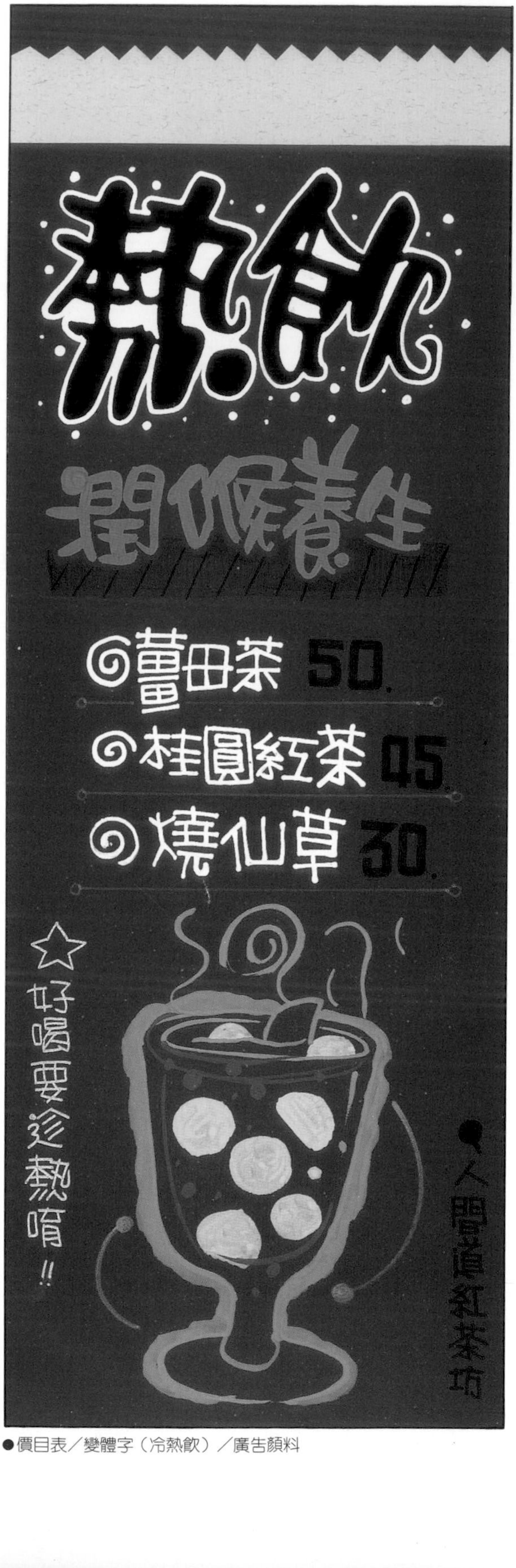

●價目表／變體字（冷熱飲）／廣告顏料

●告示海報／抖字（店內禁煙）／廣告顏料

●產品海報／打點字（富貴年菜）／廣告顏料

●告示海報／變體字〈謝師宴〉／圖片剪貼

慶端陽
粽子特價供應！
即日起
購買粽子滿500元起/
就送您美味甜辣醬乙瓶
多買多送喔！
GO HOME！
甜辣

●促銷海報／重疊字（慶端陽）／廣告顏料

炭烤小牛排！
新登場
鮮嫩多汁・風味獨特
餐後並附飲料甜點・
歡迎您來嚐嚐！
浪人西餐廳

●產品海報／直角字（新登場）／廣告顏料

美食拼盤
輕鬆下鍋美味上桌！
螞蟻上樹拼盤
牛腩拼盤
香酥雞拼盤
水果冰拼盤
便利超市

●促銷海報／抖字（美食拼盤）／廣告顏料

南瓜派
全新推出！
本店即日起將
為您精心推出香
酥美味的南瓜
派，一但淺嚐
叫你不想它也
難！
鮮的麵包

●促銷海報／收筆字（南瓜派）／廣告顏料

店頭海報

要點說明／此海報的標題屬於中明度的色彩配色，在其它海報要素的色彩搭配上必需有強弱之分，才能顯出豐富的色調變化；如這張產品促銷海報的標題爲中明度的色調，副標題及內文選用較低明度的深色搭配，而插圖和裝飾框邊則選用較高明度的淺色，用來製造更多的色彩變化。在內文書寫時可將重要的字句以不同的色彩來強調，如：產品名、售價、店名等等。

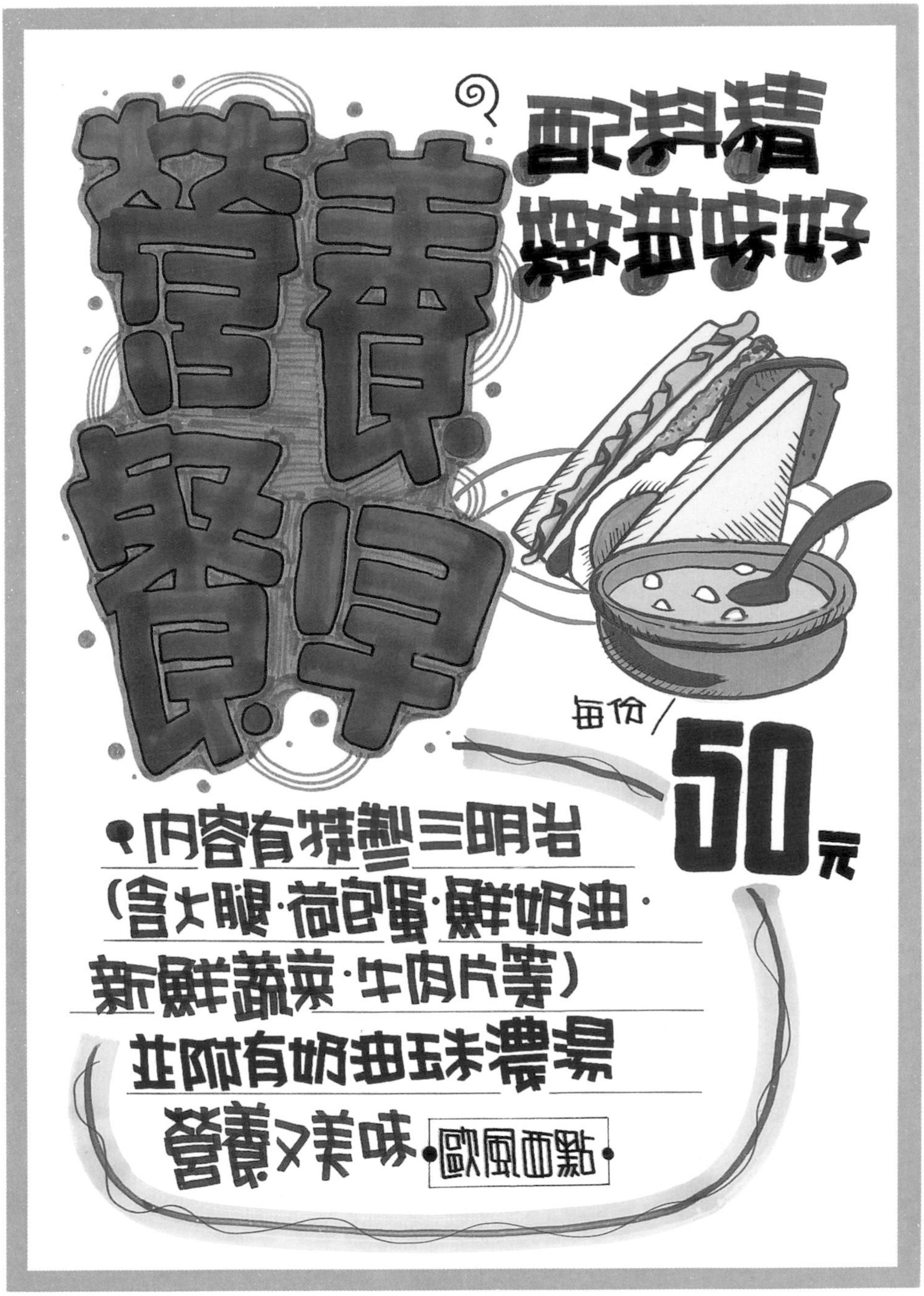

●產品促銷海報／斷筆字（營養早餐）／廣告顏料

●形象海報／直角弧度字（異國風味）／廣告顏料

●價目表／重疊字（傳統美食）／廣告顏料

●價目表／闊口字（可口早點）／廣告顏料

擋不住的誘惑！
聞香下馬
傳統彰化肉圓
保證讓您口齒
留香・意猶未盡
吃了還想再吃
台灣傳統小吃

●促銷海報／弧度字（聞香下馬）／麥克筆

杭州一帶水質醇美・雨量充沛
物產豐饒、許多來居杭州地区
的蔬果・水產物特多・相襯
杭州菜「清爽鮮美・永不膩人」
讓人在舉箸之間
油然升起一
股思古幽情。
東坡肉
鮮美
吃不膩
—杭州菜餐廳—

●促銷海報／平塗筆字（東坡肉）／圖片剪貼

鐵板燒
海陸套餐 3500
（象鮑・干貝・鮮蟹・腓力等）
商業午餐 1200
（牛排・花枝・炸蝦球等）
情人合餐 1800
龍鳳鐵板燒

●產品促銷海報／變體字〈鐵板燒〉／廣告顏料

●訊息海報／打點字（元宵樂）／廣告顏料

●產品海報／圓角字（花好月圓）／廣告顏料

●訊息海報／雲彩字（金錢遊戲）／廣告顏料

●告示海報／花俏字（大請客）／麥克筆

彌月蛋糕
共享這欣喜的時刻！
現在預訂
85折
1
貝兒西點蛋糕

●折扣海報／重疊字（彌月蛋糕）／廣告顏料

咖啡
浪漫香醇
每杯/60元
COFFEE
免費續杯
藍山咖啡
曼特寧咖啡
卡布基諾咖啡
摩卡沖泡式咖啡

●訊息海報／個性字（咖啡）／廣告顏料

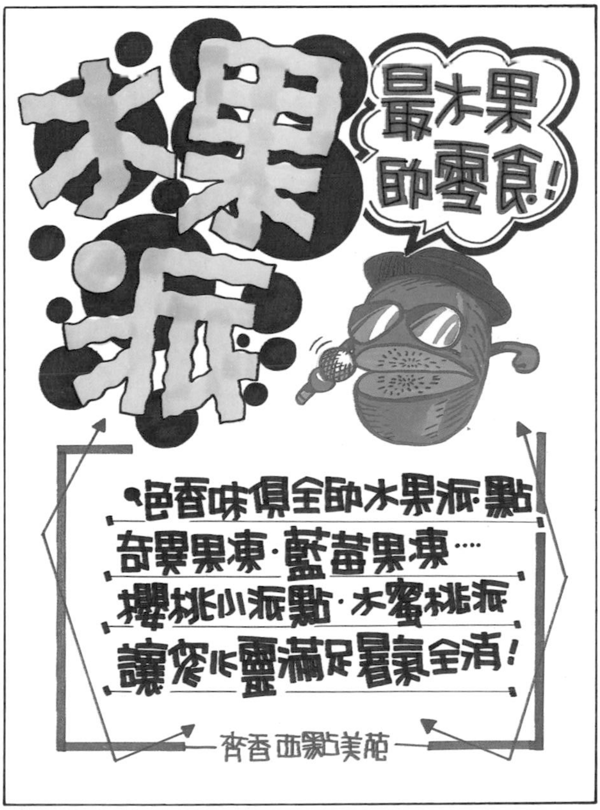
水果派
最水果的零食！
色香味俱全的水果派點
奇異果凍・藍莓果凍….
櫻桃小派點・水蜜桃派
讓您心靈滿足暑氣全消！
齊香西點美苑

●促銷海報／抖字（水果派）／廣告顏料

感恩溫馨的浪漫饗宴!!
耶誕大餐
精心為您準備的火雞大餐，讓您享用，現場並邀請名演奏樂團演出／時間：12月25日PM:7:00

●促銷海報／雲彩字（耶誕大餐）／麥克筆

烏龍傳香
凍頂
來自深山的純正凍頂烏龍茶、新鮮、香醇
每斤NT/250元

●價目表／斷筆字（烏龍傳香）／廣告顏料

●促銷海報/木紋字(午后邂逅)/圖片剪貼

●產品海報/重疊字(透心涼)/麥克筆

●促銷海報/抖字(輕鬆上桌)/廣告顏料

●價目表/抖字(開胃小菜)/麥克筆

葡萄美酒
優雅的環境．輕柔的音樂．享受主廚的拿手絕活．和親切的服務．那份愉悅儘在不言中。
甜蜜在心頭
那米牛排屋

●促銷海報／變體字（葡萄美酒）／麥克筆

海鮮大王
生猛海鮮樣樣齊全！
海鮮什錦麵
龍王大餐
胡椒蝦
鮮魚湯
紅蟳炒玉貝
歡迎電話訂桌．(02)9200101

●促銷海報／變體字（海鮮大王）／圖片剪貼

大碗滿意
熱力登場
紅燒牛肉麵
上等精燉牛肉加名廚特製湯頭．保證吃了還想再吃！！
每碗／80元
老周牛肉麵

●價目表／重疊字（大碗滿意）／廣告顏料

下午茶
休息是為了走更長遠的路!
工作累了,就到店裡
小憩一下,喝杯我們為
您精心調製的茶品,
保證您精神百倍!

●促銷海報/雲彩字(下午茶)/麥克筆

低脂冰品
特好的!!
桑椹霜酪/45元
核桃霜酪/50元
巧克力霜酪/80元
杏仁片霜酪/45元
可以吃的化妝品

●價目表/抖字(低脂冰品)/麥克筆

巴西窯燒
風味獨特保證過癮!
歡迎光臨
本店聚餐,
約會,享受純正
的異國風味,彷彿
置身天堂
巨嘴鳥窯燒之家

●訊息海報/雲彩字(巴西窯燒)/廣告顏料

出爐時間
AM/5:30(西點類)
PM/4:30(麵包類)
搶購新鮮要趁早!

●告示海報/重疊字(出爐時間)/廣告顏料

●訊息海報/直角字(美食盛宴)/廣告顏料

●價目表/重疊字(迷你火鍋)/廣告顏料

●促銷海報/圓角字(強強滾)/麥克筆

免費續杯
10月11～11月11日
即日起消費超值特
餐．飲料即可續杯
免費/每人限乙次哦!
(麥當勞)

●告示海報／抖字（免費續杯）／廣告顏料

美國牛肉
新鮮衛生營養美味!
我們專業精心烹調
貴妃牛肉．香煎牛肉
香烤牛小腿
蒜爆辣牛肉
每日上午11:00～下午9:30歡迎攜伴齊來品嚐
好客牛排

●促銷海報／圓角字（美國牛肉）／廣告顏料

媽媽的味道
/創意菜大會師
媽咪的味道是什麼?
都擺在這裡供大家試
吃．品嚐口味~~~
(請來賓共同來票選心目中的媽媽)

●告示海報／變體字〈媽媽的味道〉／麥克筆

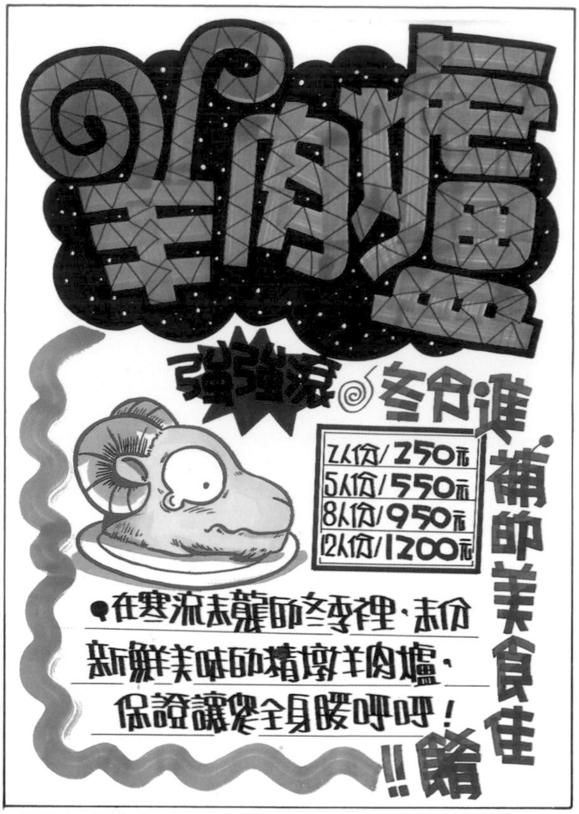

●價目表/變形字(羊肉爐)/廣告顏料

●招募海報/打點字(火速入列)/廣告顏料

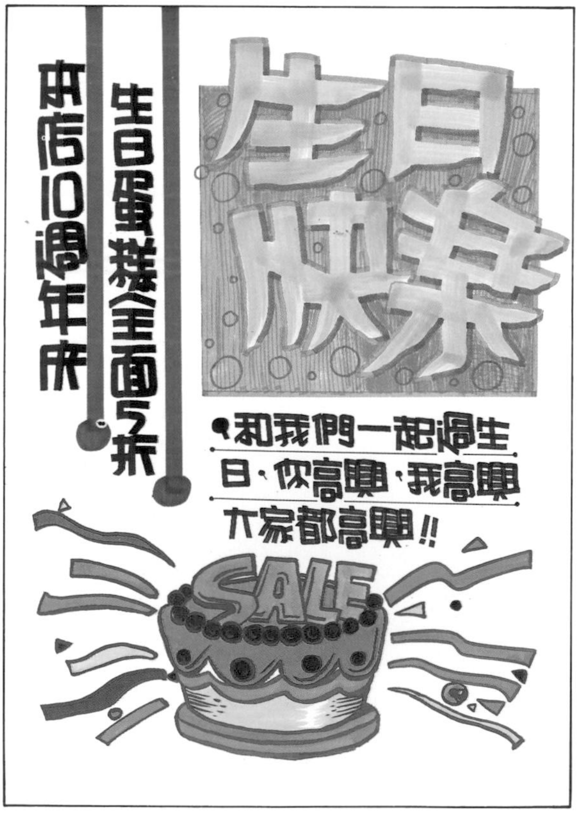

●促銷海報/收筆字(生日快樂)/廣告顏料

●價目表/重疊字(超值餐)/廣告顏料

店頭海報

要點說明／此海報的特色在標題字的背景處理上，這種隨意的線條重疊不但可由顏色的變化來引人注目，還可製造出活潑的動感，使海報顯出特有的魅力；但此背景的裝飾必需用較淺的麥克筆來繪製，才不會使標題字模糊難辨。

●促銷海報／雲彩字（海鮮焗飯）／麥克筆

店頭海報／

要點說明／此張海報的配色相當突出，以黃藍對比分明來表現飲食文化的「阿莎力」，白色裝飾部分是以「立可白」來勾勒，圓圈的裝飾使飲料泡沫的感覺表露無遺，直接了當；下半部所裝飾的框邊也很隨性而灑脫，表現得相當切題。

●促銷海報／變體字（生啤酒）／麥克筆

甜蜜留言
北星老爺請吃甜筒
慶祝北星老爺開幕10週年於6月5日在各門市大請客·歡迎您共襄盛舉·分享我們的喜悅!
•北星老爺冰淇淋•

●優惠海報／重疊字（甜蜜留言）／廣告顏料

南洋冰品
可以吃的異國風味
西米紅豆湯/蜜瓜西米露
椰汁綠豆湯/杏仁什錦
嚤嚤喳喳/椰果鮮乳
芒果布丁/泰國紅毛丹
巴塔亞冷飲
先嚐爲快!!

●告示海報／打點抖字（南洋冰品）／廣告顏料

泡沫廣場
有空來坐坐!!
泡沫紅茶/(大)40(小)30
茉莉蜜茶/(大)45(小)40
金香紅茶/(大)35(小)30
泡沫綠茶/(大)30(小)25
粉紅佳人/(大)55(小)40
伯爵奶茶/(大)50(小)45
伯朗泡沫紅茶

●價目表／抖字（泡沫廣場）／

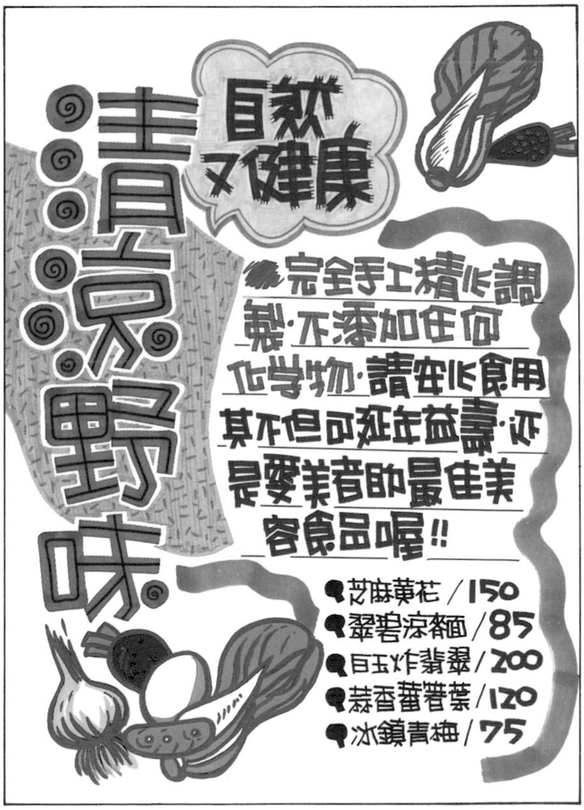
清涼野味
自然又健康
完全手工精心調製·不添加任何化学物·請安心食用
其不但可延年益壽·还是愛美者的最佳美容食品喔!!
芝麻菊花/150
翠碧涼麵/85
白玉炸翡翠/200
蒜香蕃薯葉/120
冰鎮青梅/75

●價目表／打點字（清涼野味）／廣告顏料

●促銷海報/蠟筆字(鮮乳)/廣告顏料

●訊息海報/變形字(熱呼呼)/廣告顏料

●訊息海報/直角字(新肉食主義)/廣告顏料

濃得好！
玉米濃湯
料多味美！
全新登場
有口皆碑

●產品海報／變體字〈玉米濃湯〉／麥克筆

香酥好味道！
蘋果派
現烤酥皮
風味獨特
限量製作
好吃!!

●產品海報／變體字〈蘋果派〉／廣告顏料

●價目表/平筆字(養生之道)/廣告顏料

●促銷海報/個性字(比薩)/廣告顏料

●產品海報/圓角字(全新出鷄)/廣告顏料

●招募海報／重疊字（招集令）／麥克筆

●促銷海報／變體字（涮涮鍋）／立可白

●促銷海報／變體字〈減肥茶〉／剪貼

●促銷海報／印刷字體〈中元祭〉／剪貼

●促銷海報／重疊字（卡通大餐）／ 廣告顏料

●價目表／一筆成形字（TEA TIME）／廣告顏料

●特價海報／圓角字（好彩頭）／廣告顏料

●促銷海報／橫細直粗字（古早味）／麥克筆

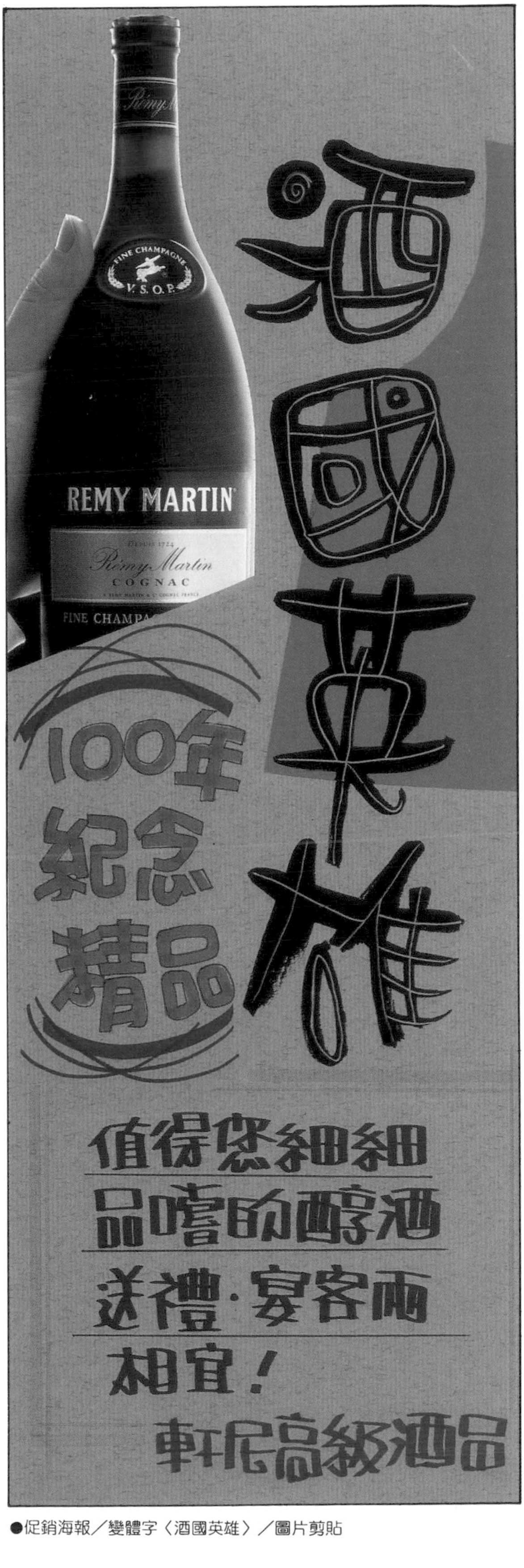

●促銷海報／變體字〈酒國英雄〉／圖片剪貼

精緻甜點
郊遊·約會·解饞!!
咖啡薄餅/50
巧克力蛋糕/70
草莓酥派/55
奶油新貴派/60
香酥甜心/75
藍莓脆酥/65

●價目表／直角重疊字（精緻甜點）／廣告顏料

冰淇淋
風味獨特行家口味!
單球35元
双球55元
3球90元
5球130元(家庭号)
美美冰淇淋專賣店

●價目表／重疊字（冰淇淋）／廣告顏料

沙拉吧
不吃不過癮
BAR
自助式沙拉吧、有生蔬菜、水果、甜點、冷盤、海鮮百種等、可依您的喜好淋上各式沙拉醬/每份180
請勿暴飲暴食·以免浪費

●產品海報／破字（沙拉吧）／廣告顏料

●促銷海報/立體字（新上市）/麥克筆

●價目表/雲彩字（商業快餐）/廣告顏料

●產品海報/變體字〈夏日聖品〉/麥克筆

●訊息海報/破字（生鮮特賣）/廣告顏料

●產品海報／重疊字（甜8寶）

●產品海報／雲彩字（厚片土司）

●產品海報／重疊字（漢堡）／麥克筆

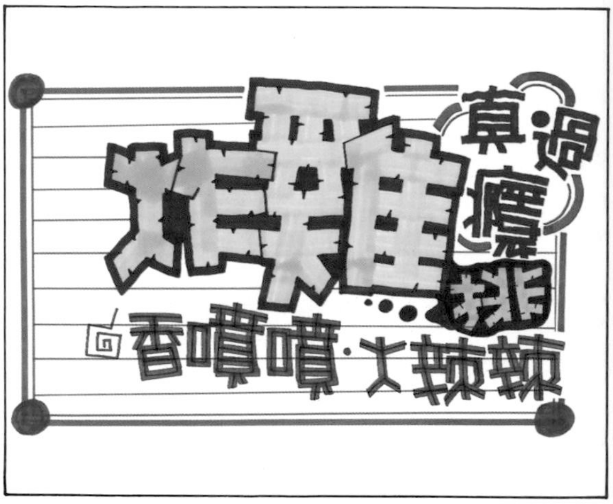

●產品海報／破字（炸雞排）

●產品海報／雲彩字（泡沫紅茶）

●產品海報／橫細直粗字（火鍋料）

●價目表／重疊字（蝦兵蟹將）／廣告顏料

●促銷海報／圓弧字（甜蜜滋味）／廣告顏料

●訊息海報／變體字（難得壺塗）／麥克筆

●告示海報／變體字（非請勿進）／廣告顏料

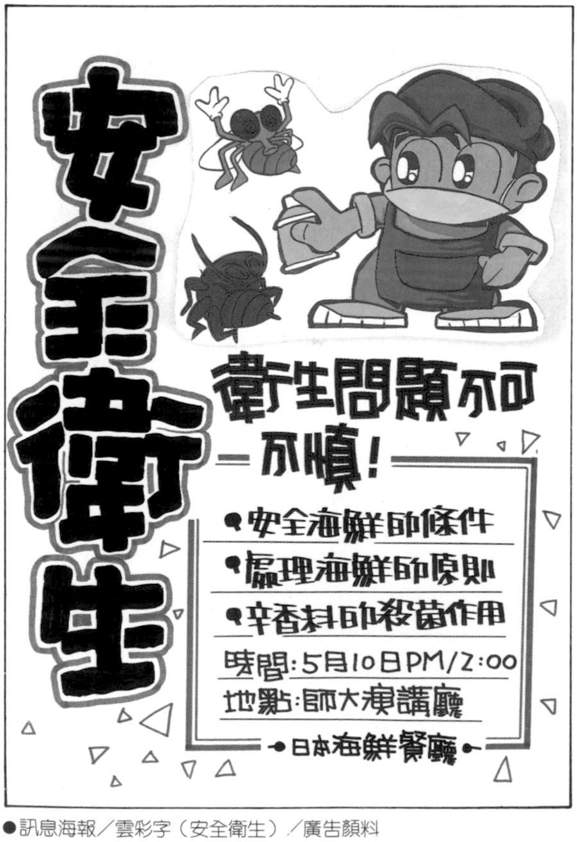

●訊息海報／雲彩字（安全衛生）／廣告顏料

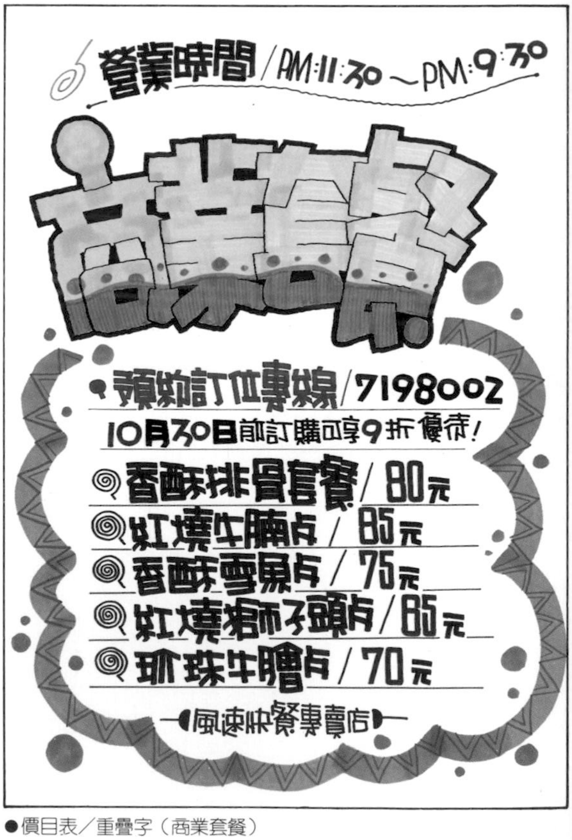

●價目表／重疊字（商業套餐）

●訊息海報／橫細直粗字（高手過招）／廣告顏料

●促銷海報／圓筆重疊字／廣告顏料

●促銷海報／印刷字體（清粥小菜）／圖片剪貼

●產品海報／橫細直粗字（故鄉美味）／麥克筆

●產品海報／雲彩字（廣式月餅）／廣告顏料

●訊息海報／重疊字（感恩特餐）／廣告顏料

●訊息海報／圓角字（健康美食）／廣告顏料

●形象海報／重疊字（最佳福星）／廣告顏料

●價目表／印刷字體〈招牌飯〉／麥克筆

●價目表／雲彩字（港式茶點）／廣告顏料

步步糕升
新年好采頭!!
紅豆花式年糕
八宝如意年糕
馬來糕
甜糕
如意年禮特賣會

●產品海報／變體字（步步糕升）／麥克筆

逃生出口
緊急時請注意!
本店經北市政府
檢驗評定為防
火安全模範餐廳,
店內設有多處逃生
出口,請您在歡樂
之餘別忘了注意自
身安全／寶全餐廳敬啟
Big

●告示海報／打點字（逃生出口）／廣告顏料

端陽粽香
承先的緣·承水
的龍·承起緬懷
的心·飄香的粽
讓您重享友情
溫暖的好心!
數量有限·趕緊訂購!
歡聚友好的情誼!
阿婆肉粽百年老店

●促銷海報／重疊字（端陽粽香）／麥克筆

●價目表／木紋字（木瓜牛奶）／廣告顏料

●告示海報／橫細直粗字（日式料理）／廣告顏料

●價目表／圓筆字（火鍋料）／廣告顏料

●促銷海報／印刷字體變形〈鮮嫩湯包〉／麥克筆

●優惠海報／變體字（閃亮獻禮）／廣告顏料

●告示海報／重疊字（新開幕）／廣告顏料

●開幕海報／變體字〈來電 50〉／麥克筆

●促銷海報／變體字〈小兵立大功〉／麥克筆

●特賣海報／收筆字（大特賣）廣告顏料

●節慶海報／打點字（影片欣賞）廣告顏料

視力保健
光線影響視力!
勿使不當
◎高級護眼抬燈
造型高雅、保健護眼燈炮
每架只要/850元! 武昌家电

●促銷海報／抖字（視力保健）／麥克筆

一把照
輕巧又方便
出國旅遊、結婚宴客時 令人難忘的 精彩鏡頭不要讓它錯過了哦!有了它、您就是今年最弦的台灣人哦!
最新液晶顯示螢目
SONY
新民電器

●產品海報／印刷字體拉長〈一把照〉／麥克筆

非禮勿開! 請走正門
試衣中
Don't
LOVE
西洋百貨

●告示海報圓角字（試衣中）／廣告顏料

得獎名單
15:9
5月20日開領獎!
特獎/0567/電視机乙台
頭獎/1520/錄放影机乙台
壹獎/7433/名家家具乙組
貳獎/6255/通訊器材乙套
參獎/2100/高級茶器乙套
旺旺家电百貨

●訊息海報／重疊字（得獎名單）／廣告顏料

談夏風生
吹出整個夏天的清涼!!
全新功能分離式冷、讓您整個夏天涼快到底！
(榮獲國家專利大獎的哦！)

●形象海報／重疊字（談夏風生）／廣告顏料

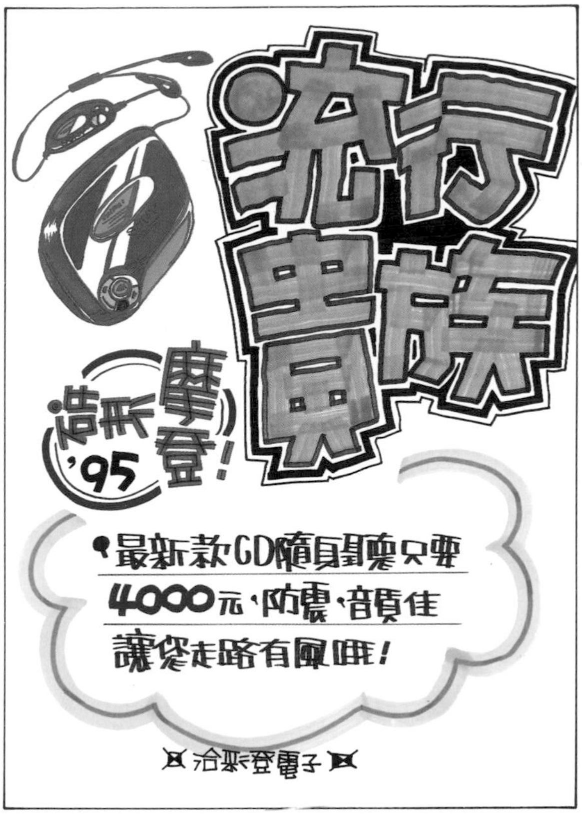
流行貴族
'95 摩登！
最新款CD隨身聽只要4000元、防震、音質佳
讓您走路有風哦！

●促銷海報／個性字（流行貴族）／廣告顏料

萬象更新
全新與您見面！
5月5日本公司以全新的面貌與全新的您熱情會面、歡迎親臨參觀！
來"店"即贈精美私品

●告示海報／變體字（萬象更新）／廣告顏料

●促銷海報／圓弧字（好大的口氣）／廣告顏料

●促銷海報／重疊字（大銀幕）／廣告顏料

●產品海報／麥克筆字剪貼〈媽媽的好幫手〉／廣告顏料

●告示海報／活字打點〈限時搶購〉／麥克筆

●折扣海報／重疊字（歲末酬賓）／廣告顏料

●價目表／臘筆字（超低震憾）／麥克筆

●訊息海報／雲彩字（古典新潮）／圖片剪貼

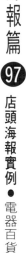

週年慶
熱情邀你共襄盛舉!
明星歌舞秀
幸運抽獎大方送
商品全面8折起
親子園遊會
明星服飾
地點/本店前廣場
時間/6月6日AM:10:0~PM16點

●招募海報/重疊字(週年慶)/廣告顏料

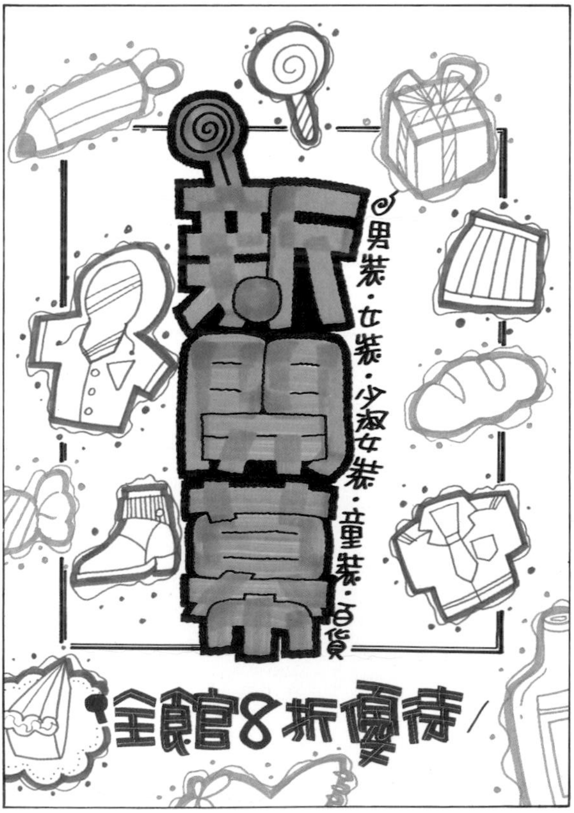
新開幕
男裝・女裝・少淑女裝・童裝・百貨
全館8折優待

●折扣海報/重疊字(新開幕)/麥克筆

媚力登場
春夏新款上市!!
又過了一季寒冬
設計師們
也醞釀了設計
新作・這一季
而你將是風采
最出眾的……
開喜服飾

●訊息海報/直粗橫細字(媚力登場)/麥克筆

嘉年華
◎比賽時間/85年3月10日AM10點
•現場服飾隨意搭配、獲獎者可得/馬爾地夫親子7日遊~
•遠洋百貨•
兒童創意服裝Show

●告示海報/圓角重疊字(嘉年華)/廣告顏料

流行風暴
三宅一生
讓您走在流行的尖端
•現今都會最流行的服飾,在這裡您都看得到,而且您可以用一般的價格買的起,現在就來,包您滿意,心動價,趕快行動!!
•唐雅精品服飾名店•

●訊息海報/重疊字(流行風暴)/廣告顏料

摩登飾品
價目表
100元以下——50元
100→150元——110元
150→200元——160元
250→300元——260元
300→350元——310元
350→400元——360元
全面特價供應!

●價目表/打點字(摩登飾品)/廣告顏料

輕鬆穿
不必辛苦憂!!
新上市北星鬆緊牛仔褲,免去您憂心的煩惱,不但節省保貴的時間,穿起來更輕鬆舒服!
3月20日新裝發表會

●訊息海報/橫細直粗字(輕鬆穿)廣告顏料

●促銷海報／平塗筆字（聯考必勝）／麥克筆

●訊息海報／圓角字（書香世界）／廣告顏料

●招募海報／重疊字（緊急通告）廣告顏料

●告示海報／重疊字打點（龍虎榜）／麥克筆

●訊息海報／重疊字（開卷有益）／圖片剪貼

●優惠海報／橫細直粗字（新潮文具）／廣告顏料

●訊息海報／花俏字（新書介紹）／廣告顏料

●促銷海報／變體字（瀟灑走一燙）圖片剪貼

●促銷海報／重疊字（美夢成真）／廣告顏料

●折扣海報／重疊字（神采飛揚）／麥克筆

●價目表／圓弧字（前衛流行）／廣告顏料

風情萬種
魅力無限
絲絲亮麗
展現自己從頭作起
本店結合日本首屈企業和法國之先端科技
技術並特別提供燙髮保證卡於燙髮7天內
為您換查捲度及免費護髮讓您秀髮飄逸。
即日起至8月20日止剪燙染8折
—明都髮藝設計名店—

●折扣海報／重疊字（風情萬種）／麥克筆

眾人的目光焦點!!
您想成為眾人羨慕的焦點嗎?24小時內夢想成真，保證天然療法、無副作用/920-1421
美登峰整形美容
峰采出眾

●促銷海報／重疊字（峰采出眾）／廣告顏料

驚豔
最佳女主角就是你!
全身雕塑美容保養·保證短期變身!!
粉領美容

●訊息海報／抖字（驚豔）／廣告顏料

●優惠海報／變體字（美的連線）／廣告顏料

●促銷海報／重疊字（魅力四射）／圖片剪貼

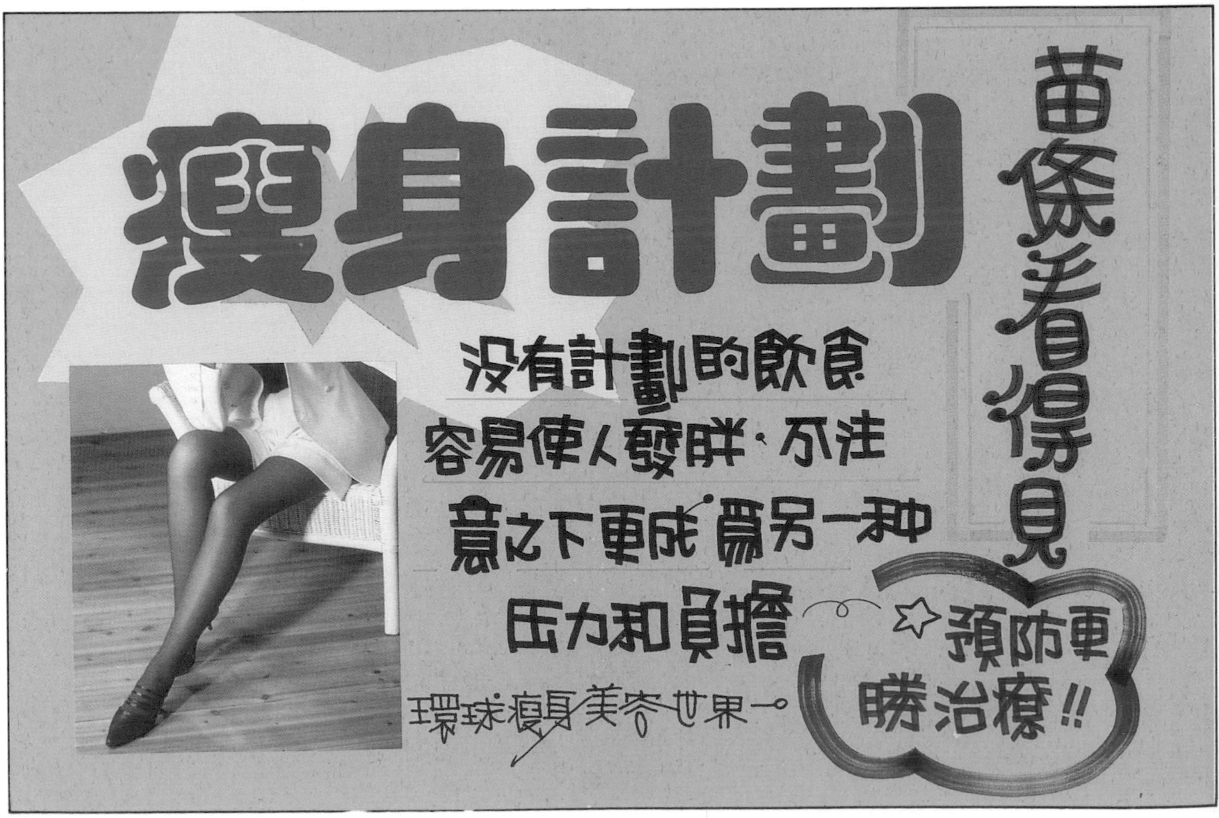

●促銷海報／印刷字體〈瘦身計劃〉／圖片剪貼

●形象海報／印刷字體（造型髮）／圖片剪貼

●折扣海報／打點字（燙髮）／廣告顏料

●促銷海報／重疊字（漂亮登場）／廣告顏料

成果展
10月25日是本社團的特殊日子·我們將把成立一年來所累積的作品·完整的呈現在你的面前·請您拭目以待!
●攝影社 ●書法社 ●篆刻社 ●漫畫社
【联合展出·歡迎您光臨指教】

●告示海報／收筆字（成果展）／麥克筆

8月15日~30
成人才藝班
熱情招生
●POP海報班
●花藝班
●中國書法班
才氣縱橫
【海燕才藝教室】

●訊息海報／花俏字（才氣縱橫）／廣告顏料

●促銷海報／收筆字（最後衝刺）／廣告顏料

●招生海報／重疊字（舞蹈空間）／廣告顏料

●招募海報／活字（創業家）／廣告顏料

●告示海報／打點字（漫畫教室）／廣告顏料

英語樂園
◎自然而然的學習兩種語言
●開課日期/3月29日·每期72小時

●訊息海報／重疊字（英語樂園）／麥克筆

兒童才藝
踏出成功的第一步!!
◎兒童童樂才藝班
◎美術繪畫才藝班
●自小有才藝的兒童是每位父母的希望、請您將這個任務交給我們!
◀貝比藝苑▶

●招募海報／蠟筆字（兒童才藝）／麥克筆

快樂學英語!
輕鬆學
●讓您的孩子自然而然學習兩種語言!
開課日期/2月20日
地點/美加兒童英語

●訊息海報／重疊字（輕鬆學）／廣告顏料

音楽教室
熱情招生中！
3月10日全省同步開
幕！歡迎您親自蒞臨！

●招募海報／圓弧字（音樂教室）／麥克筆

電腦職訓
招生中！
電腦繪图班
程式設計班
工商実務班
電腦網路
亞洲電腦職訓

●招募海報／重疊字（電腦職訓）廣告顏料

一名廚的道地料理一
四川麻辣火鍋!!
強強滾
寒冬添暖意
來份香辣過癮
的美味火鍋
暖暖身子
吧!!

●促銷海報／平塗筆字〈強強滾〉／廣告顏料

傳統技藝
回憶童年時光
現場為您
設有傳統的
麥芽糖玩偶
和捏面人教授!!
老街坊民俗創作中心

●招募海報／變體字（傳統技藝）／拼貼

●促銷海報／抖字（古靈精怪）／圖片剪貼

●告示海報／變體字（快打旋風）／圖片剪貼

身懷絕技
電玩秘笈大公開!!
本書內容教你如何破解電玩難關・先發制人・快速取得破解竅門!

●訊息海報／花俏字（科技神遊）／廣告顏料

科技神遊
帶您遊歷
超時空的
多媒体世界

●訊息海報／一筆成形字（身懷絕技）／廣告顏料

即日起速度快方便好
用的登摩型电腦即將與
你會面歡迎您熱情參加
地点:凱悅飯店會議廳 PM:3:00 PM:6:00
920-8532
最後壓軸登場
筆記型帥氣科技新產品
新貴族
酷

●形象海報／雲彩字（新貴族）／簽字筆

●促銷海報/重疊字〈最佳拍擋〉/麥克筆

●訊息海報/橫細直粗字〈國際風雲〉/麥克筆

●訊息海報/圓角字〈多媒體〉/廣告顏料

●訊息海報/圓角字〈黃飛鴻〉/廣告顏料

●告示海報／打點字（回到未來）／廣告顏料

●訊息海報／一筆成形字（電玩快打）／廣告顏料

●訊息海報／抖字（頂尖高手）／廣告顏料

涼快一夏
飆水
今夏最激情的
水花,最安全的設
施,最好的消
暑去處/

●告示海報／變體字〈飆水〉／廣告顏料

陽光森巴
◎歡樂假期
等你來!
夏威夷之旅/3.5000
美西之旅/4.8000
關島之旅/5.5000
巴達亞之旅/3.7000
◎詳情請電洽/2511077

●價目表／打點字（陽光森巴）／麥克筆

歡樂營
放縱自己的好機會!!
忙碌的工作會
使人彈性疲乏、
建議您抽個
空享受人生美好
的休閒時光、
再續衝刺。
新形象旅遊

●訊息海報／花俏字（歡樂營）／廣告顏料

●訊息海報／重疊字（綠野遊踪）／廣告顏料

●招募海報／變體字（愛在他鄉）／圖片剪貼

●促銷海報／空心字（高貴不貴）／廣告顏料

春風滿面
遊山玩水去!
紐西蘭之旅
●搭小舟遊鐘乳石洞地下湖、參觀毛利文化村·毛利歌舞表演
●搭乘遊艇遊米佛灣、驚險刺激!
●得意旅遊●

●促銷海報／打點抖字（春風滿面）／麥克筆

繞著地球跑
世界環遊探奇之旅!
◎為期6個月的世界探奇之旅,包您大開眼界哦!
▶地球旅行社

●訊息海報／橫細直粗字（繞著地球跑）／廣告顏料

應有盡有
各地名產
本店為您添加
您最愛的各地名產
請您細細的品味!
請依指示方向
尋找您要的產品
謝謝您!!

●告示海報／印刷字體〈各地名產〉

●促銷海報／圓角字（夏日風情）／廣告顏料

●促銷海報／橫細直粗（遨遊萬里）／廣告顏料

●訊息海報／變體字（登高望遠）／廣告顏料

●訊息海報／圓弧字（多采多姿）／麥克筆

●促銷海報／印刷字體〈渡小月〉／圖片剪貼

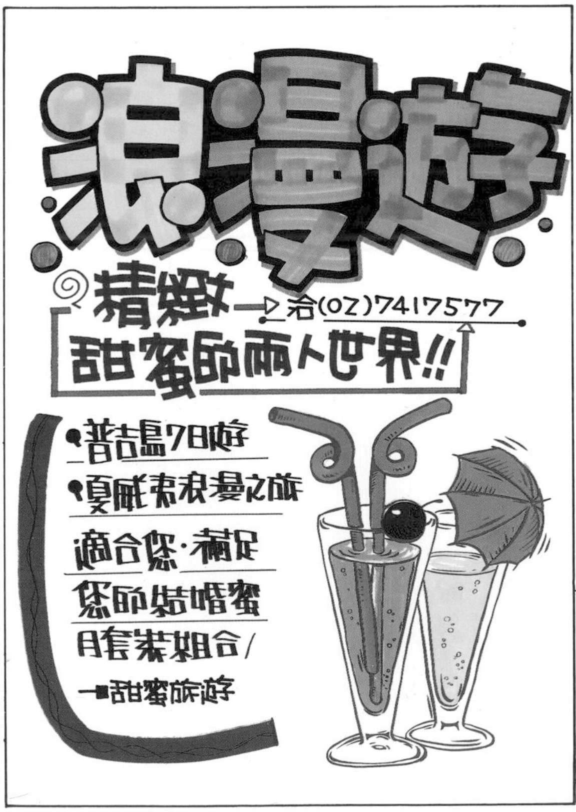

●促銷海報／重疊字（浪漫遊）／廣告顏料

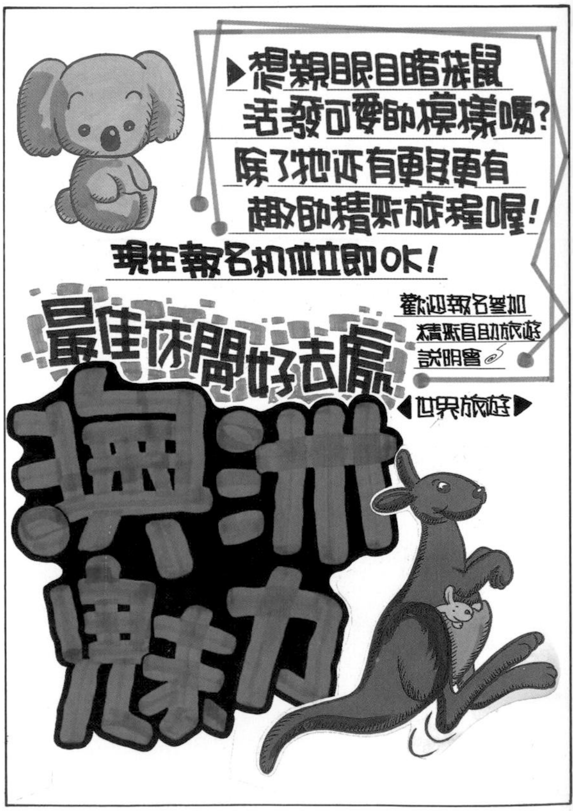

●訊息海報／雲彩字（澳洲魅力）／廣告顏料

●告示海報／重疊字（飛行計劃）／廣告顏料

●形象海報／圓角字（親子遊）／麥克筆

店頭海報

要點說明／這張海報的文案很多，書寫完成後，幾乎已占畫面的百分之八十，若讀者們在書寫時也遇到相同的狀況，可挑選較重要的文案來書寫，其它較不重要的文案可寫小字或省略；書寫完成後，視所剩餘的空間來決定挿圖的簡易，通常在文案較多的情況下，挿圖都繪製的相當簡單，才不使畫面顯得凌亂，這是非常值得注意的。

快樂天堂
藏在／鬧市的
都會生活俱樂部!!
一個屬於全家的親子休閒中心·針對都會人口最缺乏的家庭交誼·健身·休閒中心
◎6月20日
歡迎您全家一起來太平洋心靈健身房◎

●訊息海報／圓筆字（快樂天堂）／麥克筆

店頭海報

要點說明／這張海報的編排並不很突出，但值得一提的是，若海報的內容是屬於流行性的話題，可在其中加入時下年輕人的口頭語，如圖：哇卡等字眼；如此可使海報整體的流行性提高，也增加畫面的可看性，再配合吸引人的插圖設計，這張海報就顯得相當搶眼了。

●訊息海報／變體字（玩具總動員）／廣告顏料

店頭海報

要點說明／以有色紙張爲底色時，通常不能配出多層次的色彩，尤其是淺色，除非使用不透明顏料，否則麥克筆墨水和紙張顏色混合後通常會顯得暗沈；所以，在深色紙張上書寫文案時應儘量使用較深的色筆，才能使文案突顯易辨。

●促銷海報／重疊字（許願娃娃）／剪貼

店頭海報

要點說明／此海報標題的彩度較高但色彩變化不多，由於是娛樂業的告示海報，所以挿圖選擇高彩度的多色配色，使其活潑生動，在副標題和說明文的配色上，則反之，才能襯顯出主題；此外，大部分的形象海報多以鮮明的標題或活潑的挿圖來吸引人注意，所以這兩者在繪製時則必需將其精緻化，才能有更吸引人的條件。

●形象海報（娛樂業）／圓角字（遊樂廣場）／廣告顏料

●促銷海報／打點字（熱帶魚）／廣告顏料

●告示海報／圓筆字（請勿停車）／廣告顏料

●優惠海報／直角打點字（活力放送）／麥克筆

●訊息海報／打點字（新娘美宴）／圖片剪貼

●告示海報／重疊字（寄物台）／廣告顏料

34
恭喜
今日得獎名單
特獎/陳雪茵(獲MARCH轎車)
壹獎/李克唐(獲JVC 34"大電視)
貳獎/李菲菲(獲高級視聽組)
▶環保推行中心

●告示海報/直角字(恭喜)/廣告顏料

花香柔情
香花配美人 情人節花束
熱情登場、還沒表示的您
趕快行動唷!!
柔柔花香坊

●形象海報/打點重疊字(花香柔情)/廣告顏料

咱們賞雪去吧
•滿足您看雪的期待、全票/(便宜又大碗)
250
12月25日~1月底
雪花迎春

●促銷海報/打點圓角字(雪花迎春)/廣告顏料

魔鬼身材
不用打針
也不必辛苦運動
相信我們、瘦身不再是一件困難的事、只要到名星瘦身、就讓您滿意而歸!
名星瘦身中心

●訊息海報/圓角字(魔鬼身材)/廣告顏料

●告示海報／斷字（腦力激盪）／廣告顏料

●訊息海報／直粗橫細字（先睹為快）／圖片剪貼

●告示海報／變體字〈關於愛情〉／麥克筆

●訊息海報／弧度字（迎新送舊）／麥克筆

●告示海報／直角字（面面俱到）／廣告顏料

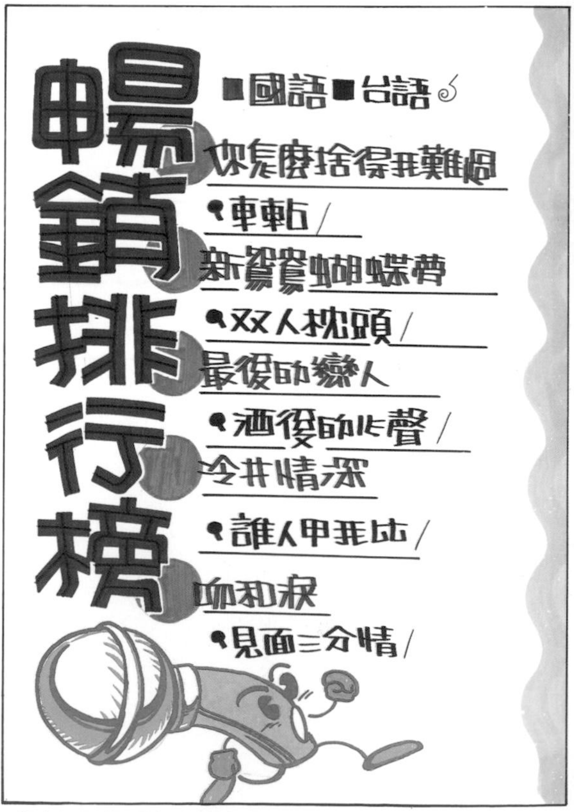

●訊息海報／圓角字（暢銷排行榜）／廣告顏料

千里眼
讓你一次看個夠
●日本原裝進口HASO望遠鏡‧2000倍數以上‧只要您
想看‧無論風景賞鳥等‧都可拿到那看到那……
HASO進口精緻商品

●產品海報／變體字〈千里眼〉／廣告顏料

親愛寶貝
喜歡牠
要照顧牠
快帶您親愛的狗狗來做免費健康檢查及預防注射‧現場並設有寵物健康資訊服務台‧解決您寶貝的問題。
6月19日AM7:30～11:30

●訊息海報／圓角字（親愛寶貝）／麥克筆

主人翁
心算小神童
培養訓練必須從小做起‧
開課日期/12月30日
培訓專線/
7417701
小神童心算

●告示海報／變體字〈主人翁〉／廣告顏料

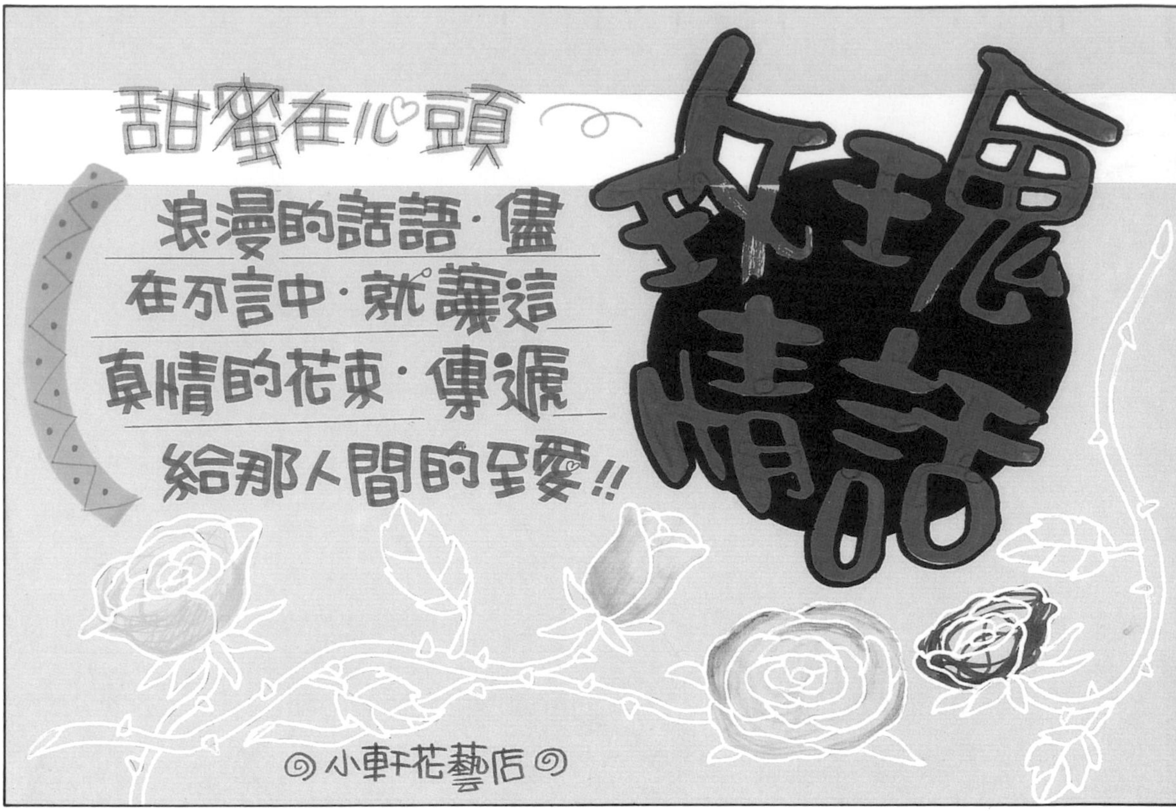

●促銷海報/變體字〈玫瑰情話〉/廣告顏料

●告示海報/變體字〈捕風捉影〉/麥克筆

●訊息海報／雲彩字（百萬摸彩）／圖片剪貼

●促銷海報／個性字（世界新寵）／廣告顏料

●訊息海報／破筆字（中國情懷）／麥克筆

●告示海報／圓角字（月圓之夜）／廣告顏料

●折扣海報／重疊字（腦力激盪）／廣告顏料

●告示海報／重疊字（遷移啓示）／

●促銷海報／圓角字（媚眼重現）／麥克筆

招兵買馬
歡迎您加入我們的行列!!
勞保、全民健保
供餐飲
待遇優厚
勇於接受挑戰
工作獎金優
意者洽7902141
全球公司人事課

●招募海報／立體字（招兵買馬）／廣告顏料

表心意
送給偉大的母親!
在這溫馨特別的日子裡你是否已經準備了一份特別的禮物給那終日不辭勞苦的母親!
創意珠寶

●促銷海報／心點字（表心意）／廣告顏料

青春無塵
阿彌陀佛!
時間/80年3月29
地點/中正紀念堂廣場(佛教園遊盛會)

●告示海報／抖字（青春無塵）／廣告顏料

●促銷海報/印刷字體〈天才小釣手〉/麥克筆

●告示海報/抖字(新歌快訊)/廣告顏料

●形象海報/重疊字(童話王國)/麥克筆

Part 4

附錄

★圖書目錄

★實用POP字體

★實用POP插圖

AIR

三宅一生
No180

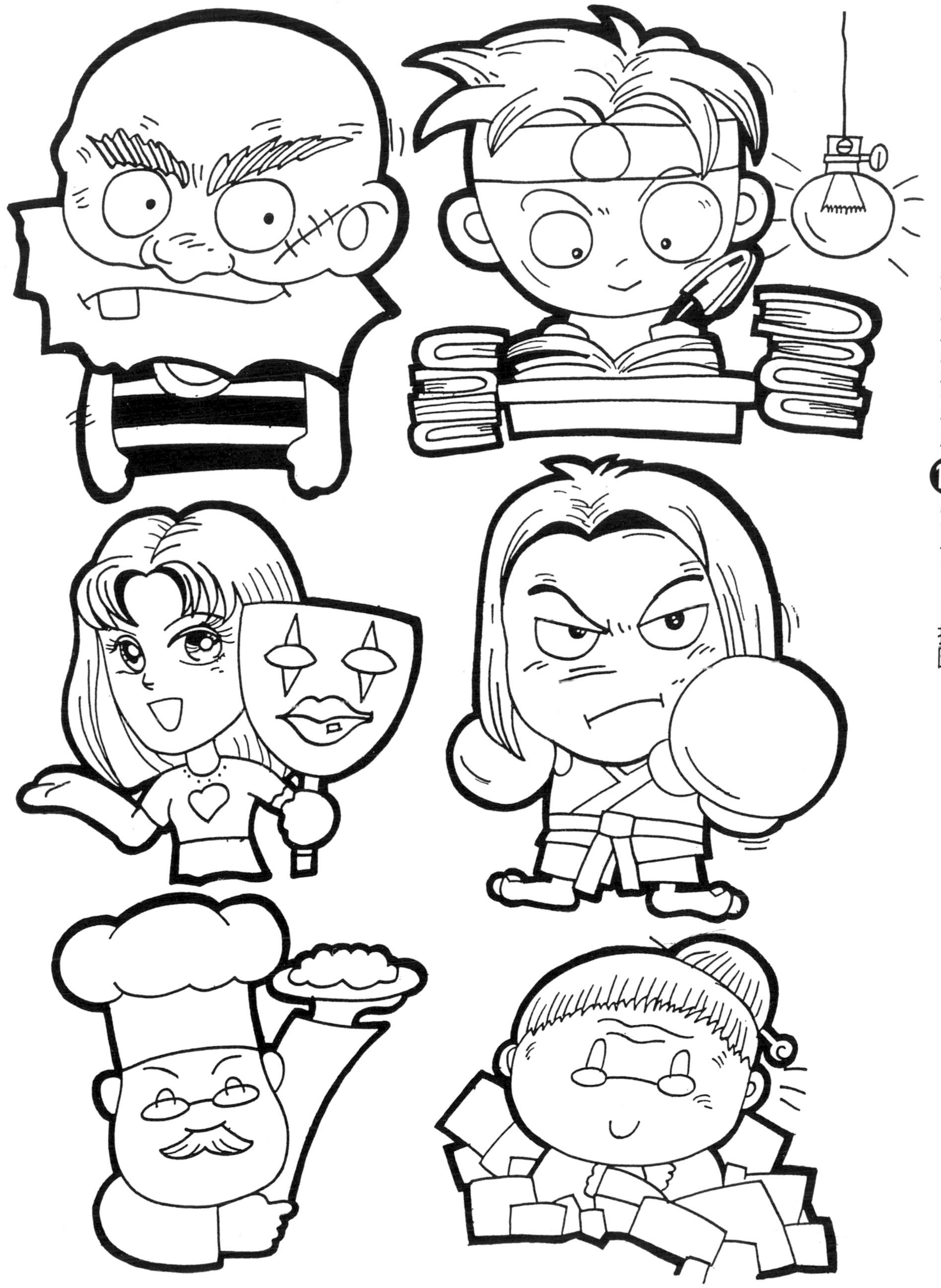

DIY
NIK
NONO
Big

TV
Big

HIGH GRAPE
PILOT
NK
汪!!

大家恭喜
春

TIM

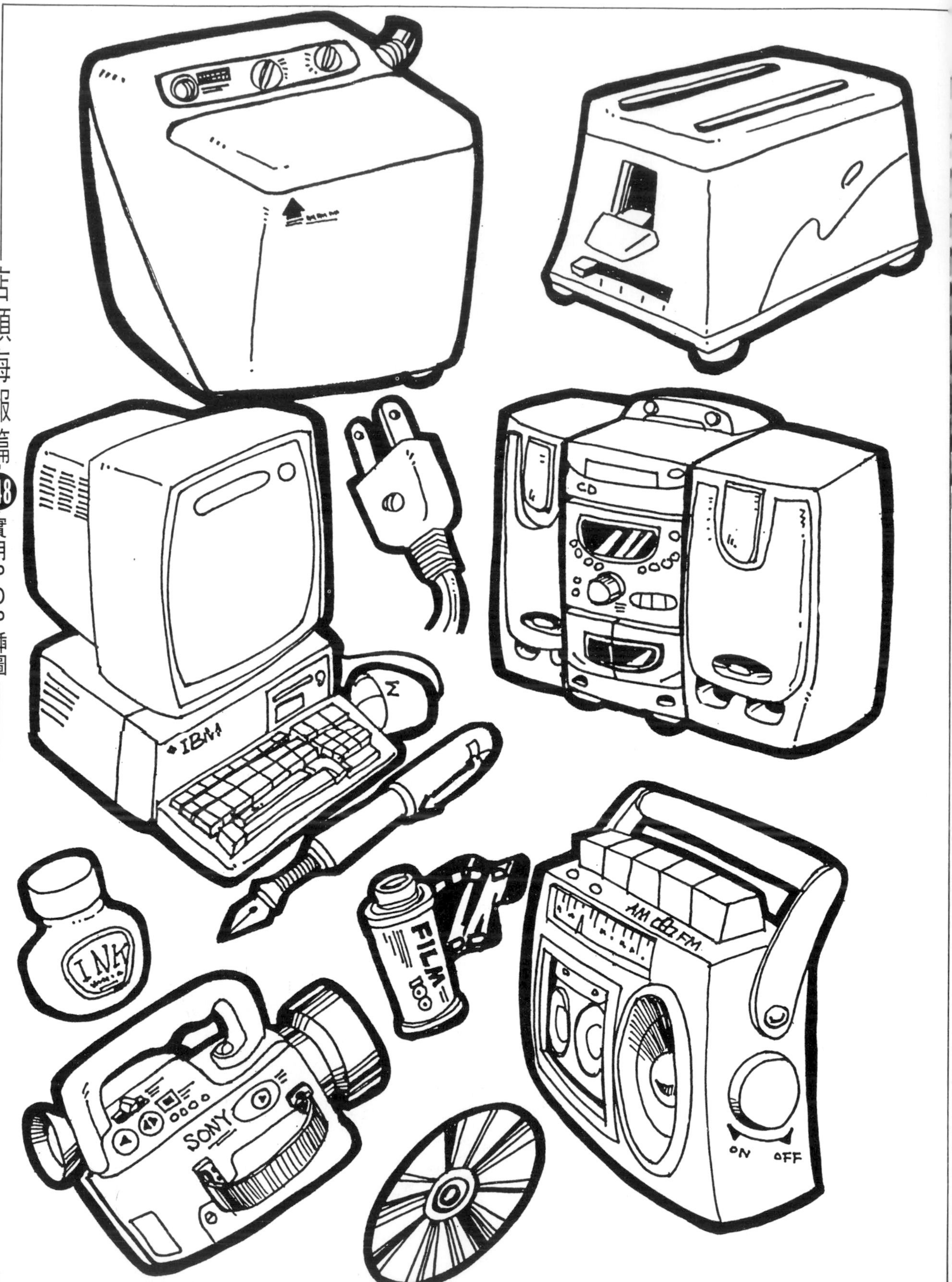
CD
IBM
INK
FILM
100
AM
FM
SONY
ON
OFF

■實用POP插圖（可影印放大使用）

■實用POP字彙（可影印放大利用）

歡迎光臨
今日公休
全面特價
禁止停車
暫停使用
銘謝惠顧
恕不折扣
換季降價
非請莫入
請勿吸煙
謝謝光臨
殘障專用
來賓止步
請上二樓
精緻餐点
新書介紹

請勿動手
媚力登場
謝絕參觀
禁止攝影
全新開幕
女士專用
男士專用
詢問台
收銀台
寄物處
服務台
展示會
吸煙區
兌幣處
大拍賣
外帶區

停車場
餐飲
週年慶
報名
特價品
大優
收銀員
工讀
化粧室
洗手間
休息中
特賣中
營業中
誠徵
電梯

迎光臨
日公休
面特價
止停車
暫停使用
謝惠顧
不折扣
季降價
非請莫入
勿吸煙
謝謝光臨
障專用
賓止步
上二樓
緻餐點
書介紹

請勿動手
媚力登場
謝絕參觀
禁止攝影
全新開幕
女士專用
男士專用
訊問台
收銀台
寄物處
服務台
展示會
吸煙區
兌幣處
大拍賣
外帶區

停車場
餐飲部
週年慶
報名處
特賣區
大優待
收銀員
工讀生
化粧室
洗手間
休息中
特賣中
營業中
誠徵
電梯

■實用POP字彙（可影印放大利用）

歡迎光臨	請勿動手	停車場
今日公休	媚力登場	餐飲部
全面特價	謝絕參觀	週年慶
禁止停車	禁止攝影	報名處
暫停使用	全新開幕	特價區
銘謝惠顧	女士專用	大優待
恕不折扣	男士專用	收銀員
換季降價	訊問台	工讀生
非請莫入	收銀台	化粧室
請勿吸煙	寄物處	洗手間
謝謝光臨	服務台	休息中
殘障專用	展示會	特賣中
來賓止步	吸煙區	營業中
請上二樓	兌幣處	誠徵
精緻餐點	大拍賣	電梯
新書介紹	外帶區	

■實用POP字彙（可影印放大利用）

歡迎光臨
今日公休
全面特價
禁止停車
暫停使用
銘謝惠顧
恕不折扣
換季降價
非請莫入
請勿吸煙
謝謝光臨
殘障專用
來賓止步
請上二樓
精緻餐點
新書介紹

請勿動手
媚力登場
謝絕參觀
禁止攝影
全新開幕
女士專用
男士專用
訊問台
收銀台
寄物處
服務台
展示會
吸煙區
兌幣處
大拍賣
外帶區

停車場
餐飲部
週年慶
報名處
特價區
大優待
收銀員
工讀生
化粧室
洗手間
休息中
特賣中
營業中
誠徵
電梯

精緻手繪POP業書目錄

精緻手繪POP廣告　精緻手繪POP業書①
簡　仁　吉　編著
●專爲初學者設計之基礎書　●定價400元

精緻手繪POP　精緻手繪POP叢書②
簡　仁　吉　編著
●製作POP的最佳參考，提供精緻的海報製作範例　●定價400元

精緻手繪POP字體　精緻手繪POP叢書③
簡　仁　吉　編著
●最佳POP字體的工具書，讓您的POP字體呈多樣化　●定價400元

精緻手繪POP海報　精緻手繪POP叢書④
簡　仁　吉　編著
●實例示範多種技巧的校園海報及商業海定　●定價400元

精緻手繪POP展示　精緻手繪POP叢書⑤
簡　仁　吉　編著
●各種賣場POP企劃及實景佈置　●定價400元

精緻手繪POP應用　精緻手繪POP叢書⑥
簡　仁　吉　編著
●介紹各種場合POP的實際應用　●定價400元

精緻手繪POP變體字　精緻手繪POP叢書⑦
簡仁吉・簡志哲編著
●實例示範POP變體字，實用的工具書　●定價400元

精緻創意POP字體　精緻手繪POP叢書⑧
簡仁吉・簡志哲編著
●多種技巧的創意POP字體實例示範　●定價400元

精緻創意POP插圖　精緻手繪POP叢書⑨
簡仁吉・吳銘書編著
●各種技法綜合運用、必備的工具書　●定價400元

精緻手繪POP節慶篇　精緻手繪POP叢書⑩
簡仁吉・林東海編著
●各季節之節慶海報實際範例及賣場規劃　●定價400元

精緻手繪POP個性字　精緻手繪POP叢書⑪
簡仁吉・張麗琦編著
●個性字書寫技法解說及實例示範　●定價400元

精緻手繪POP校園篇　精緻手繪POP叢書⑫
林東海・張麗琦編著
●改變學校形象，建立校園特色的最佳範本　●定價400元

北星信譽推薦・必備教學好書

日本美術學員的最佳教材

定價／350元

定價／450元

定價／450元

定價／400元

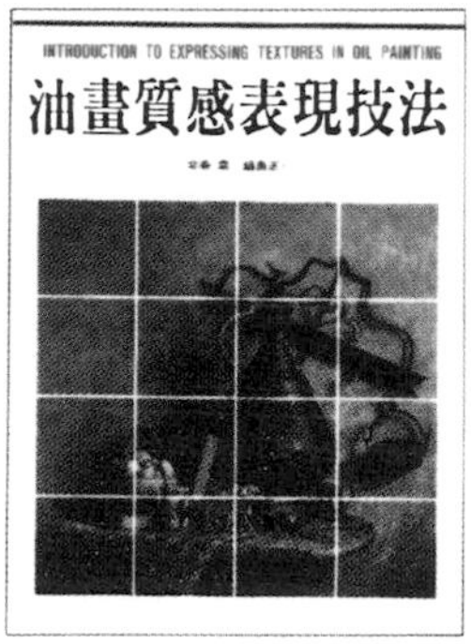

定價／450元

循序漸進的藝術學園；美術繪畫叢書

定價／450元

定價／450元

定價／450元

定價／450元

最佳工具書

・本書內容有標準大綱編字、基礎素描構成、作品參考等三大類；並可銜接平面設計課程，是從事美術、設計類科學生最佳的工具書。
編著／葉田園　　定價／350元

新形象出版圖書目錄

郵撥：0510716-5 陳偉賢
TEL:9207133・9278446 FAX:9290713 地址：北縣中和市中和路322號8Ｆ之1

一、美術設計

代碼	書名	編著者	定價
1-01	新挿畫百科(上)	新形象	400
1-02	新挿畫百科(下)	新形象	400
1-03	平面海報設計專集	新形象	400
1-05	藝術・設計的平面構成	新形象	380
1-06	世界名家挿畫專集	新形象	600
1-07	包裝結構設計		400
1-08	現代商品包裝設計	鄧成連	400
1-09	世界名家兒童挿畫專集	新形象	650
1-10	商業美術設計(平面應用篇)	陳孝銘	450
1-11	廣告視覺媒體設計	謝蘭芬	400
1-15	應用美術・設計	新形象	400
1-16	挿畫藝術設計	新形象	400
1-18	基礎造形	陳寬祐	400
1-19	產品與工業設計(1)	吳志誠	600
1-20	產品與工業設計(2)	吳志誠	600
1-21	商業電腦繪圖設計	吳志誠	500
1-22	商標造形創作	新形象	350
1-23	挿圖彙編(事物篇)	新形象	380
1-24	挿圖彙編(交通工具篇)	新形象	380
1-25	挿圖彙編(人物篇)	新形象	380

二、POP廣告設計

代碼	書名	編著者	定價
2-01	精緻手繪POP廣告1	簡仁吉等	400
2-02	精緻手繪POP2	簡仁吉	400
2-03	精緻手繪POP字體3	簡仁吉	400
2-04	精緻手繪POP海報4	簡仁吉	400
2-05	精緻手繪POP展示5	簡仁吉	400
2-06	精緻手繪POP應用6	簡仁吉	400
2-07	精緻手繪POP變體字7	簡志哲等	400
2-08	精緻創意POP字體8	張麗琦等	400
2-09	精緻創意POP挿圖9	吳銘書等	400
2-10	精緻手繪POP畫典10	葉辰智等	400
2-11	精緻手繪POP個性字11	張麗琦等	400
2-12	精緻手繪POP校園篇12	林東海等	400
2-16	手繪POP的理論與實務	劉中興等	400

三、圖學、美術史

代碼	書名	編著者	定價
4-01	綜合圖學	王鍊登	250
4-02	製圖與議圖	李寬和	280
4-03	簡新透視圖學	廖有燦	300
4-04	基本透視實務技法	山城義彥	300
4-05	世界名家透視圖全集	新形象	600
4-06	西洋美術史(彩色版)	新形象	300
4-07	名家的藝術思想	新形象	400

四、色彩配色

代碼	書名	編著者	定價
5-01	色彩計劃	賴一輝	350
5-02	色彩與配色(附原版色票)	新形象	750
5-03	色彩與配色(彩色普級版)	新形象	300

五、室內設計

代碼	書名	編著者	定價
3-01	室內設計用語彙編	周重彥	200
3-02	商店設計	郭敏俊	480
3-03	名家室內設計作品專集	新形象	600
3-04	室內設計製圖實務與圖例(精)	彭維冠	650
3-05	室內設計製圖	宋玉眞	400
3-06	室內設計基本製圖	陳德貴	350
3-07	美國最新室內透視圖表現法1	羅啓敏	500
3-13	精緻室內設計	新形象	800
3-14	室內設計製圖實務(平)	彭維冠	450
3-15	商店透視-麥克筆技法	小掠勇記夫	500
3-16	室內外空間透視表現法	許正孝	480
3-17	現代室內設計全集	新形象	400
3-18	室內設計配色手册	新形象	350
3-19	商店與餐廳室內透視	新形象	600
3-20	櫥窗設計與空間處理	新形象	1200
8-21	休閒俱樂部・酒吧與舞台設計	新形象	1200
3-22	室內空間設計	新形象	500
3-23	櫥窗設計與空間處理(平)	新形象	450
3-24	博物館&休閒公園展示設計	新形象	800
3-25	個性化室內設計精華	新形象	500
3-26	室內設計&空間運用	新形象	1000
3-27	萬國博覽會&展示會	新形象	1200
3-28	中西傢俱的淵源和探討	謝蘭芬	300

六、SP行銷・企業識別設計

代碼	書名	編著者	定價
6-01	企業識別設計	東海•麗琦	450
6-02	商業名片設計(一)	林東海等	450
6-03	商業名片設計(二)	張麗琦等	450
6-04	名家創意系列①識別設計	新形象	1200

七、造園景觀

代碼	書名	編著者	定價
7-01	造園景觀設計	新形象	1200
7-02	現代都市街道景觀設計	新形象	1200
7-03	都市水景設計之要素與概念	新形象	1200
7-04	都市造景設計原理及整體概念	新形象	1200
7-05	最新歐洲建築設計	石金城	1500

八、廣告設計、企劃

代碼	書名	編著者	定價
9-02	CI與展示	吳江山	400
9-04	商標與CI	新形象	400
9-05	CI視覺設計(信封名片設計)	李天來	400
9-06	CI視覺設計(DM廣告型錄)(1)	李天來	450
9-07	CI視覺設計(包裝點線面)(1)	李天來	450
9-08	CI視覺設計(DM廣告型錄)(2)	李天來	450
9-09	CI視覺設計(企業名片吊卡廣告)	李天來	450
9-10	CI視覺設計(月曆PR設計)	李天來	450
9-11	美工設計完稿技法	新形象	450
9-12	商業廣告印刷設計	陳穎彬	450
9-13	包裝設計點線面	新形象	450
9-14	平面廣告設計與編排	新形象	450
9-15	CI戰略實務	陳木村	
9-16	被遺忘的心形象	陳木村	150
9-17	CI經營實務	陳木村	280
9-18	綜藝形象100序	陳木村	

九、繪畫技法

代碼	書名	編著者	定價
8-01	基礎石膏素描	陳嘉仁	380
8-02	石膏素描技法專集	新形象	450
8-03	繪畫思想與造型理論	朴先圭	350
8-04	魏斯水彩畫專集	新形象	650
8-05	水彩靜物圖解	林振洋	380
8-06	油彩畫技法1	新形象	450
8-07	人物靜物的畫法2	新形象	450
8-08	風景表現技法3	新形象	450
8-09	石膏素描表現技法4	新形象	450
8-10	水彩・粉彩表現技法5	新形象	450
8-11	描繪技法6	葉田園	350
8-12	粉彩表現技法7	新形象	400
8-13	繪畫表現技法8	新形象	500
8-14	色鉛筆描繪技法9	新形象	400
8-15	油畫配色精要10	新形象	400
8-16	鉛筆技法11	新形象	350
8-17	基礎油畫12	新形象	450
8-18	世界名家水彩(1)	新形象	650
8-19	世界水彩作品專集(2)	新形象	650
8-20	名家水彩作品專集(3)	新形象	650
8-21	世界名家水彩作品專集(4)	新形象	650
8-22	世界名家水彩作品專集(5)	新形象	650
8-23	壓克力畫技法	楊恩生	400
8-24	不透明水彩技法	楊恩生	400
8-25	新素描技法解說	新形象	350
8-26	畫鳥・話鳥	新形象	450
8-27	噴畫技法	新形象	550
8-28	藝用解剖學	新形象	350
8-30	彩色墨水畫技法	劉興治	400
8-31	中國畫技法	陳永浩	450
8-32	千嬌百態	新形象	450
8-33	世界名家油畫專集	新形象	650
8-34	插畫技法	劉芷芸等	450
8-35	實用繪畫範本	新形象	400
8-36	粉彩技法	新形象	400
8-37	油畫基礎畫	新形象	400

十、建築、房地產

代碼	書名	編著者	定價
10-06	美國房地產買賣投資	解時村	220
10-16	建築設計的表現	新形象	500
10-20	寫實建築表現技法	濱脇普作	400

十一、工藝

代碼	書名	編著者	定價
11-01	工藝概論	王銘顯	240
11-02	籐編工藝	龐玉華	240
11-03	皮雕技法的基礎與應用	蘇雅汾	450
11-04	皮雕藝術技法	新形象	400
11-05	工藝鑑賞	鐘義明	480
11-06	小石頭的動物世界	新形象	350
11-07	陶藝娃娃	新形象	280
11-08	木彫技法	新形象	300

十二、幼教叢書

代碼	書名	編著者	定價
12-02	最新兒童繪畫指導	陳穎彬	400
12-03	童話圖案集	新形象	350
12-04	教室環境設計	新形象	350
12-05	教具製作與應用	新形象	350

十三、攝影

代碼	書名	編著者	定價
13-01	世界名家攝影專集(1)	新形象	650
13-02	繪之影	曾崇詠	420
13-03	世界自然花卉	新形象	400

十四、字體設計

代碼	書名	編著者	定價
14-01	阿拉伯數字設計專集	新形象	200
14-02	中國文字造形設計	新形象	250
14-03	英文字體造形設計	陳穎彬	350

十五、服裝設計

代碼	書名	編著者	定價
15-01	蕭本龍服裝畫(1)	蕭本龍	400
15-02	蕭本龍服裝畫(2)	蕭本龍	500
15-03	蕭本龍服裝畫(3)	蕭本龍	500
15-04	世界傑出服裝畫家作品展	蕭本龍	400
15-05	名家服裝畫專集1	新形象	650
15-06	名家服裝畫專集2	新形象	650
15-07	基礎服裝畫	蔣愛華	350

十六、中國美術

代碼	書名	編著者	定價
16-01	中國名畫珍藏本		1000
16-02	沒落的行業—木刻專輯	楊國斌	400
16-03	大陸美術學院素描選	凡　谷	350
16-04	大陸版畫新作選	新形象	350
16-05	陳永浩彩墨畫集	陳永浩	650

十七、其他

代碼	書名	定價
X0001	印刷設計圖案(人物篇)	380
X0002	印刷設計圖案(動物篇)	380
X0003	圖案設計(花木篇)	350
X0004	佐滕邦雄(動物描繪設計)	450
X0005	精細挿畫設計	550
X0006	透明水彩表現技法	450
X0007	建築空間與景觀透視表現	500
X0008	最新噴畫技法	500
X0009	精緻手繪POP挿圖(1)	300
X0010	精緻手繪POP挿圖(2)	250
X0011	精細動物挿畫設計	450
X0012	海報編輯設計	450
X0013	創意海報設計	450
X0014	實用海報設計	450
X0015	裝飾花邊圖案集成	380
X0016	實用聖誕圖案集成	380

POP廣告

店頭海報篇

出版者：新形象出版事業有限公司
負責人：陳偉賢
地　　址：台北縣中和市中和路322號8F之1
電　　話：29207133・29278446
F　A　X：29290713
編著者：張麗琦
總策劃：黃筱晴、洪麒偉
美術設計：葉辰智、龔照欽、張呂森、蕭秀慧
美術企劃：葉辰智、龔照欽
總代理：北星圖書事業股份有限公司
地　　址：台北縣永和市中正路462號5F
門　　市：北星圖書事業股份有限公司
地　　址：永和市中正路498號
電　　話：29229000
F　A　X：29229041
網　　址：www.nsbooks.com.tw
郵　　撥：0544500-7北星圖書帳戶
印刷所：
製版所：

定價：450元

行政院新聞局出版事業登記證／局版台業字第3928號
經濟部公司執照／76建三辛字第214743號

■本書如有裝訂錯誤破損缺頁請寄回退換

西元2002年9月

國家圖書館出版品預行編目資料

POP廣告．店頭海報篇／張麗琦編著．— 第一版
．— 臺北縣中和市：新形象，民85
面；　公分
ISBN 957-9679-01-0（平裝）

1.廣告—設計　2.海報—設計

497.5　　85009383